Sepp Holzer / Josef A. Holzer

AGRAR-REBELLION JETZT

stv

Sepp Holzer / Josef A. Holzer

AGRAR-REBELLION JETZT

Natur lesen
Permakultur **begreifen**
Zukunft gestalten

Leopold Stocker Verlag
Graz – Stuttgart

Titelbild: © Marcus Auer
Umschlaggestaltung, Layout und Repro: Werbeagentur Rypka GmbH, 8143 Dobl/Graz, www.rypka.at

Rund 30 % der österreichischen Waldbesitzer sind Frauen und mehr als jeder dritte Bauernhof wird von einer Landwirtin geleitet. Frauen sind maßgeblich prägend für die Entwicklung des ländlichen Raumes in Österreich. Der Leopold Stocker Verlag verzichtet in seinen Publikationen, ausschließlich zum Zweck der besseren Lesbarkeit, auf eine geschlechtsspezifische Schreibweise und verwendet stattdessen durchgängig das generische Maskulinum. Die verkürzte Sprachform in unserem Buch beinhaltet keine Wertung, alle personenbezogenen Bezeichnungen und Begriffe gelten im Sinne der Gleichbehandlung grundsätzlich für alle Geschlechter.

Bibliografische Information der Deutschen Nationalbibliothek:
Die Deutsche Nationalbibliothek verzeichnet diese Publikation in der Deutschen Nationalbibliographie; detaillierte bibliographische Daten sind im Internet über
http://dnb.d-nb.de abrufbar.

Hinweis:
Dieses Buch wurde auf chlorfrei gebleichtem Papier gedruckt. Die zum Schutz vor Verschmutzung verwendete Einschweißfolie ist aus Polyethylen chlor- und schwefelfrei hergestellt. Diese umweltfreundliche Folie verhält sich grundwasserneutral, ist voll recyclingfähig und verbrennt in Müllverbrennungsanlagen völlig ungiftig.

Auf Wunsch senden wir Ihnen gerne kostenlos unser Verlagsverzeichnis zu:
Leopold Stocker Verlag GmbH
Hofgasse 5
Postfach 438
A-8011 Graz
Tel.: +43 (0)316/82 16 36
Fax: +43 (0)316/83 56 12
E-Mail: stocker-verlag@stocker-verlag.com
www.stocker-verlag.com

ISBN 978-3-7020-2076-7

INHALT

ZU DIESEM BUCH

Aus einer bergbäuerlichen Tradition kommend, ist Sepp Holzer durch seinen unvoreingenommenen, offenen Ansatz des Probierens und Experimentierens nach und nach auf produktive Muster und Zusammenhänge in der Natur gestoßen. Unbewusst hat er sich damit in eine land- und forstwirtschaftliche Tradition eingeschrieben, die Erfahrungswissen und wissenschaftliche Expertise zusammenführt: „**Perma**nent Agri**culture**" – kurz Permakultur.

Ausgehend von persönlichen Erfahrungen von Sepp und Josef Holzer, führt dieses Buch über die wissenschaftlichen Ahnen der Permakultur zu den Grundlagen dieser naturnahen Methode, die auf beobachten und lernen aufbaut – frei von Dogmen, Mythen und Glaubensfragen.

Im abschließenden Plädoyer zeigen die Autoren, wie die Land- und Forstwirtschaft in Zeiten von Klimawandel und Naturkatastrophen einen tatsächlich nachhaltigen und zukunftsträchtigen Umgang mit der Natur finden kann.

„Handle stets so,
dass die Anzahl der
Möglichkeiten wächst."

Heinz von Förster

DIE **AUTOREN**

SEPP HOLZER

Sepp Holzer gilt nicht erst seit der Veröffentlichung des gleichnamigen Buches als *Agrar-Rebell*. Der heute 80-jährige Experte für Permakultur ist nach wie vor ein so eigensinniger wie leidenschaftlicher Anwalt der Natur.

Als Bergbauernkind hat er gelernt, *„im Buch der Natur zu lesen"* und erfolgreich mit der Natur anstatt gegen sie zu arbeiten. In diesem Buch will er gemeinsam mit seinem Sohn Josef zeigen, dass wir – allen negativen Vorzeichen zum Trotz – unsere Zukunft reparieren können. Vorausgesetzt, *„wir lernen, Natur zu begreifen, anstatt sie zu bekämpfen."*

Sepp Holzer © Marcus Auer

Josef Andreas Holzer © Marcus Auer

JOSEF A. HOLZER

Josef Andreas Holzer ist Land- und Forstwirt sowie international gefragter Experte für Permakultur. 2009 hat er den *Krameterhof* von seinem Vater, Sepp Holzer, übernommen. Der Hof wurde durch Buchveröffentlichungen und Medienberichte international bekannt und gilt als Permakultur-Vorzeigeprojekt.

Seit 2020 leitet Josef A. Holzer zudem das Beratungs- und Planungsbüro *Holzer Permaculture Solutions GmbH*.

„DIE NATUR ZEIGT DIR IMMER EINEN WEG."

VORWORT VON SEPP HOLZER

Wir Menschen müssen wieder lernen, mit der Natur zu kommunizieren, sie wahrzunehmen und uns als Teil von ihr zu verstehen. „Wo fängt man am besten damit an?", werde ich manchmal gefragt. Vielleicht zuerst einmal im Blumentopf? In der Küche, in der Stube oder am Balkon. Im Grunde eignet sich fast jede Fläche dafür.

Schon Kindern sollte man zeigen, dass in einem Samen Leben steckt, dass das wichtig ist und wunderbar. Sie bedecken Samen mit Erde, sehen wie Pflänzchen keimen und fragen sich, welche Früchte sie einmal tragen werden. Kirschen? Maroni? Äpfel?

Kinder merken sich die Antwort genau. Weil sie es sind, die die Samen in die Erde gesteckt haben, weil es jetzt *ihre* Pflanzen sind.

Ein Kind, das ein Bäumchen hat, das ihm gehört, wird es wertschätzen, pflegen, vor Gefahren schützen und verteidigen. Es lernt, dass da eine Beziehung zwischen ihm und dem Bäumchen besteht und verinnerlicht, dass es *verantwortlich* für dieses Geschöpf ist.

Das sind prägende Erfahrungen und für die muss man Kindern auch Platz lassen. Sie brauchen Freiräume und Zeit für Experimente – für Erfolgserlebnisse *und* für Misserfolge, denn aus diesen lernen sie genauso viel, wenn nicht sogar mehr.

Kinder müssen mit der Welt vertraut werden, damit sie sich in ihr zurechtfinden und lernen, wie man im Buch der Natur liest. Sie müssen erfahren, wie Natur funktioniert und welche Aufgaben ihre Mitlebewesen haben.

Dann sehen sie: Jedes Leben stellt einen Wert dar. Nichts existiert ohne Grund. Jede Kreatur hat eine Aufgabe. Alles ist miteinander verbunden und vernetzt: der Boden, der Baum, der Regentropfen und der Wurm. Kinder verstehen das auf Anhieb – Erwachsene oft gar nicht, weshalb sie ihren Kindern dummerweise so vieles verbieten.

Wo dürfen Kinder heute noch graben, pflanzen, ernten? Fast nirgendwo. Viele Eltern meinen, die Natur sei schmutzig, unappetitlich, gefährlich.

So ein Blödsinn! Gefährlich ist es, unseren Kindern nicht zu vermitteln, wie unglaublich vielfältig und kostbar die Natur ist und dass wir – auf Gedeih und Verderb – mit ihr verbunden sind.

Wir Menschen können so vieles von der Natur lernen. Ein Leben reicht niemals aus, um alle Zusammenhänge zu begreifen. Denn je genauer man hinschaut, umso mehr gibt es zu entdecken. Und das Erforschte kann man auf vielfältige Art und Weise für sich nutzen – auch das begreift jedes Kind intuitiv.

Ich habe schon als kleiner Bub meine ersten Pflanzen gezogen und meinen ersten Garten angelegt. Nichts hat mir mehr Freude gemacht, als zu sehen, wie alles wächst, sich entwickelt und vermehrt. Ich war so stolz auf meinen Erfolg! Diese Glückserfahrung hat mich bestärkt und angetrieben weiterzumachen und immer mehr auszuprobieren.

Immer noch sagt man mir nach, dass ich mich „wie ein Kind" freuen kann. Und das stimmt auch. Jeden Tag entdecke ich etwas Neues in meinem Garten, das mich begeistert.

Meine Neugierde und Experimentierfreude habe ich mir bis heute erhalten. Ich denke auch nicht daran, mich jetzt, wo ich die 80 schon überschritten habe, auf ein „Bankerl vors Haus" zu setzen, um auf den Tod zu warten. Nein! Ich pflanze immer noch Bäume und lege neue Gärten an, damit ich und die, die nach mir kommen werden, die Früchte dieser Arbeit ernten können.

Wie man einen Ertrag, eine schöne Ernte bekommt, das habe ich von der Natur gelernt. Es ist wahr, sie ist meine Schule. Was ich mir dort abgeschaut habe, will ich teilen.

Dieses Buch ist in einer Zeit entstanden, in der auf eine Katastrophenmeldung schon die nächste folgt: Pandemie, Krieg, Klimakrise, Hungersnöte, Artenschwund.

Wir haben so viele selbstverschuldete Probleme gleichzeitig und die Menschen sind voller Angst. Sie aber ist der schlechteste Begleiter, den man im Leben haben kann. Wenn ich Angst habe, bin ich der Verfolgte.

Gerade jetzt, wo wir uns dringend neu ausrichten und neue Wege gehen müssen, sollten wir die Angst schleunigst ablegen. Sie verleitet uns dazu, überstürzt zu handeln – sie löst keine Probleme, sondern schafft neue. Meine Lebenserfahrung sagt mir, dass man angstfrei sein muss, wenn man an einer besseren Zukunft arbeitet. Wer panisch, kopf- und planlos davonläuft, ist verloren. Die Natur aber, die zeigt dir immer einen guten Weg. Sie will dir helfen, denn du bist ein Teil von ihr.

Was für eine Welt wollen wir denen, die nach uns kommen, hinterlassen? Haben sie denn kein Recht auf eine lebenswerte Zukunft, auf sauberes Wasser, auf gesunde Nahrung?

Immer noch und mehr denn je bin ich überzeugt: Wir brauchen eine Agrar-Rebellion, jetzt!

Fordern und fördern wir das Bewusstsein dafür, dass wir es uns nicht länger leisten können, die Natur auszubeuten und sie zu bekämpfen. Wer Land bewirtschaftet, muss sich mit der Natur verbünden und bereit sein, von ihr zu lernen.

Natur nutzen, ohne sie dabei *auszunutzen*, dass das gelingen kann, davon bin ich überzeugt und davon handelt dieses Buch. Ich habe es mit meinem Sohn Josef und unserem Freund und Co-Autor Andreas Schindler geschrieben.

Es will vor allem Mut machen und zeigen, was alles möglich ist, wenn wir lernen, im Buch der Natur zu lesen, und *mit ihr* anstatt – wie bisher – *gegen sie* arbeiten.

Fangen wir damit an. Jetzt.

Sepp Holzer

Sepp Holzer: „Wir Menschen können so vieles von der Natur lernen. Ein Leben reicht niemals aus, um alle Zusammenhänge zu begreifen."

„**KEINE** AUSREDEN **MEHR!**“

VORWORT VON JOSEF A. HOLZER

Im Rahmen meiner Ausbildung hat ein alter Förster einen Satz gesagt, der sich mir eingeprägt hat: *„Die Natur gibt uns alles, aber nicht umsonst.“*

Heute denke ich, dass das eine der wichtigsten Erkenntnisse für eine erfolgreiche und verantwortungsvolle Land- und Forstwirtschaft ist. Wollen wir der Natur etwas abverlangen, müssen wir uns mit ihr beschäftigen, von ihr lernen und versuchen, sie zu verstehen.

Beobachten und von der Natur lernen. Das ist der Weg der Permakultur und genau damit beschäftige ich mich seit vielen Jahren – zu Hause auf meinem Hof und im Rahmen meiner Arbeit als Berater, Ausbildner und Planer.

Wer sich mit der Natur beschäftigt, erkennt bald, dass alles im Fluss ist. Was wir sehen, sind keine Endergebnisse, sondern lediglich kurze Abschnitte auf einer langen Zeitachse. Nur aufgrund unserer beschränkten Wahrnehmung wirkt auf uns statisch, was in Wahrheit immer in Bewegung ist.

Wenn wir Natur verstehen und nutzen wollen, müssen wir immer diese Zeitachse mitdenken – *„Was war? Was ist? Was kommt? Und warum?“*

Die folgenden Seiten möchten vermitteln, dass sich ein genauerer Blick in die Vergangenheit lohnt. Er lässt Chancen und Risiken erkennen und ist daher wesentlich für die Entscheidungsfindung der Gegenwart.

Gerade jetzt, wo Klimakrise, Artenschwund, Dürren und Überschwemmungen den Menschen Angst machen, gilt es, ganz genau hinzuschauen: Was sind die tatsächlichen Ursachen? Wo liegen die Problemfelder?

Eines vorweg: So dringend es auch ist, den Ausstoß klimaschädlicher Gase deutlich zu verringern, das allein wird nicht genügen.

Das Klima verursacht Wetterextreme, ist aber nicht ursächlich dafür verantwortlich, dass unsere Kulturlandschaften mit den Veränderungen dermaßen schlecht zurechtkommen.

Biodiversitätsverlust, verdorrte Felder, Waldbrände, Hochwasser oder Bodenschwund – all das sind, wie die Klimakrise auch, selbstgemachte Probleme, die wir nur dann in den Griff bekommen, wenn wir überholten Vorstellungen und zerstörerischen Praktiken den Kampf ansagen.

Es gibt sie, die tauglichen und erprobten Alternativen zu Monokulturen, Massentierhaltung und Raubbau an der Natur, zukunftsfähige Lösungen, die, wenn man konkret bilanziert, auch weit ökonomischer sind als das, was uns als Fortschritt angeboten wurde und wird.

Schauen wir uns um, sehen wir eine ausgeräumte und ausgebeutete Landschaft. Es lässt sich nicht verantworten, dass wir sie der nächsten Generation in einem weit schlechteren Zustand hinterlassen, als sie einst von unseren Eltern übernommen wurde.

In diesem Buch wollen wir eine Idee davon vermitteln, dass es auch anders geht, dass es viel besser geht! Setzen wir auf Lösungen, die uns die Natur anbietet und fordern wir von der Politik ein, dass Steuergelder nicht länger zur Symptombehandlung, sondern zum Umbau eines Systems verwendet werden, dessen Schwächen zu offensichtlich sind, um sie weiterhin zu ignorieren.

Die Agrarrebellion beginnt mit der Erkenntnis, dass sie notwendig ist – jetzt und mit allen, die bereit sind, mit der Reparatur der Zukunft zu beginnen.

Keine Ausreden mehr, sie halten uns nur auf.

Josef A. Holzer

DER KRAMETERHOF – VON DER SUBSISTENZ-WIRTSCHAFT ZUR PERMAKULTUR

DIE VIELFALT DER SELBSTVERSORGER VON JOSEF A. HOLZER

Unser Zuhause, der Krameterhof, liegt am Südhang des Schwarzenbergs im Salzburger Lungau, mitten in den österreichischen Alpen.

Heute umfasst unser Hof eine Fläche von knapp 45 Hektar, die sich zwischen 1.100 und 1.500 m Seehöhe erstrecken. Die Winter in dieser recht sonnigen und niederschlagsarmen Region sind lange und streng. Es gibt rund 170 Frosttage, wovon etwa 50 Eistage sind, also Tage, an denen das Thermometer nicht über null Grad Celsius steigt. Der Jahresniederschlag beträgt durchschnittlich knapp 800 mm.

Die Rahmenbedingungen scheinen also herausfordernd und doch wird dieser steile und auf den ersten Blick scheinbar unwirtliche Flecken Erde seit vielen Generationen von Bergbauern bewirtschaftet, schon seit 1890 von meiner Familie.

Wie die meisten Bergbauernhöfe war auch dieser Hof eine Subsistenzwirtschaft, also eine Selbstversorgerlandwirtschaft, die zwar kaum Überschüsse, aber alles zum Leben Notwendige produzieren konnte.

Anders als heute war der Selbstversorgungsgrad in den Bergen einst sehr hoch. Kaum etwas musste oder konnte zugekauft werden. Man darf sich die Menschen auf diesen Höfen aber nicht als arm vorstellen. Im Grunde gehörten sie in der kargen Nachkriegszeit zu den wenigen, die immer etwas zu essen und einen gewissen Wohlstand hatten. Auf einem Subsistenzhof wurde man zwar nicht reich, konnte aber durchaus gut leben.

Viele der Menschen, die auf meinen Hof kommen, meinen, hier etwas völlig Neues zu sehen. Oft werde ich gefragt, wie es denn möglich sei, auf einem Hof in dieser Lage und Seehöhe Gemüse, Obst und Getreide anzubauen. Sie sehen, dass ich Regenwasser in Teichen speichere, mit den Gänsen über den Berg wandere, Schweine auf der Weide halte und fragen mich, wie ich denn auf all diese Ideen gekommen sei? Ich muss dann immer ein wenig schmunzeln und erkläre, dass das alles andere als neu oder innovativ ist. Schließlich wird dieses Gebiet schon seit Jahrtausenden landwirtschaftlich genutzt. Jeder ganzjährig bewirtschaftete Hof versorgte sich im Grunde selbst.

Die Tatsache, dass wir diese Art der Landwirtschaft heute nirgendwo mehr sehen, bedeutet nicht, dass es sie nicht gab. Wie selbstverständlich haben meine Urgroßeltern und Großeltern bereits Obst und Gemüse angebaut, oft in Mengen, die sich heute kaum jemand vorstellen kann. Schließlich mussten auf dem Hof gut zehn Personen versorgt werden.

Zusätzlich wurden Getreide und Kartoffeln, Kraut, Bohnen und Rüben auf Ackerflächen produziert. Auch Öl- und Faserpflanzen – in unserem Falle Flachs beziehungsweise Lein – hat man angebaut. Es gab zudem eine Vielzahl an verschiedenen Tieren.

Tiere ermöglichen es, „Kalorien" von Flächen zu ernten, die ansonsten nicht erschlossen werden können. Jede Art eignet sich für eine andere Fläche und für anderes Futter. Die Tiere waren notwendig, um die Ressourcen des Hofes optimal zu nutzen – sie lieferten wertvolle Lebensmittel, waren aber auch „Arbeitsgerät". Die Art und Weise, wie die Tiere genutzt wurden, hatte auch einen enorm positiven ökologischen Einfluss – sie schufen und erhielten überaus artenreiche Lebensräume.

Die Bergbauernhöfe meiner Urgroßeltern und Großeltern waren also sehr vielfältig, denn Vielfalt war überlebensnotwendig.

Wenn man ganz und gar auf die eigene Produktion angewiesen ist, kann man sich das Risiko einer Spezialisierung nicht leisten. Was, wenn etwas schiefläuft? Wie kommt man über den Winter, wenn die Ernte ausfällt? Als Selbstversorger kann man nicht „alles auf eine Karte setzen".

Weshalb sieht der Krameterhof so völlig anders aus als die umliegenden Bergbauernhöfe?

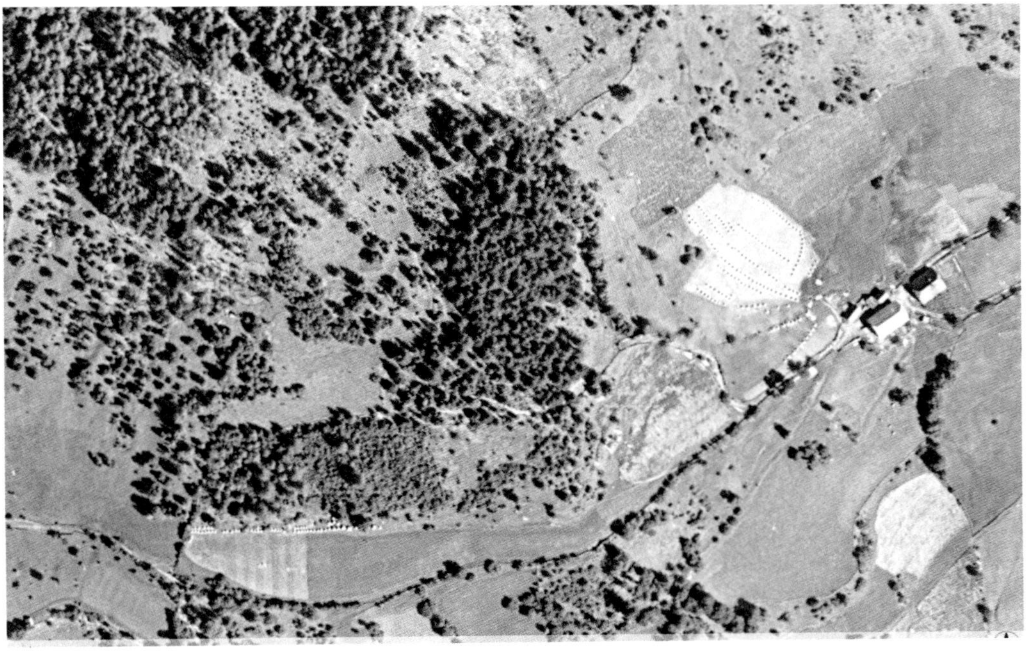

Der Krameterhof 1954 *© SAGIS*

Wenn ich Besuchern erkläre, dass ich im Grunde sehr viele Dinge mache, die hier schon seit Jahrhunderten gemacht werden, ernte ich oft ungläubige Blicke.

Sicher hat sich auch unser Hof seit der Übernahme durch meinen Vater in den 1960er Jahren strukturell und auch optisch stark verändert. Aber so wie früher auch produzieren wir immer noch Getreide, Gemüse, Bohnen, Kraut und Obst, halten Rinder, Schweine, Schafe, Hühner und Gänse. Neues ist dazugekommen, Techniken und Ansprüche haben sich geändert, aber alte Traditionen wurden integriert.

Als mein Vater 1962 den elterlichen Hof übernahm, musste er sich wie viele Bauern und Bäuerinnen seiner Generation entscheiden: Spezialisierung in Richtung Milchwirtschaft – so wie die allermeisten das damals taten – oder neue Wege gehen.

Reine Subsistenz war ab den 1950er Jahren nicht mehr zeitgemäß. Höfe wurden erschlossen. Wege und später Straßen haben selbst die entlegensten Höfe an die Welt angebunden.

Dazu kamen Stromleitungen und später sogar Telefonanschlüsse.

Die Straße zu unserem Hof wurde erst im Jahr 1964 fertiggestellt. Nach und nach wurden Investitionen für Maschinen notwendig, weshalb man (mehr) Geld verdienen musste. Gleichzeitig wurden die Arbeitskräfte und Esser auf den Höfen weniger, was wiederrum eine tiefgreifende Änderung der Bewirtschaftung nach sich zog. Bald war es nicht mehr sinnvoll und notwendig, eine vollständige Selbstversorgung zu gewährleisten.

Nach dem Zweiten Weltkrieg suchte die Agrarpolitik nach Wegen, die Produktion deutlich zu steigern. Subsistenzwirtschaft hatte in diesen Überlegungen keinen Platz, die neuen Vorgaben hatten das Ziel, die Betriebe und darüber hinaus ganze Regionen, zu spezialisieren.

Die Berggebiete wurden fortan zu Grünlandregionen für die Milch-, und im geringeren Ausmaß auch Fleischproduktion. Ackerbau verschwand fast vollständig vom Berg und fand jetzt nur mehr in den Gunstlagen statt, wo wiederum die Tiere rar wurden.

Diese Umstellung war nicht für jede Betriebsgröße und jeden Hof gleichermaßen umsetzbar. Und so wurden Kleinbetriebe relativ bald unrentabel und in den Nebenerwerb gedrängt.

Die Überschussproduktion führte bald zu einem Preisdruck und durch die Änderung der bäuerlichen Landwirtschaft in Richtung Rohstoff-Urproduktion wurden die Bauern immer abhängiger von Abnehmern und Zulieferern.

Während die Erlöse immer geringer wurden, wurden die Produktionsmittel immer teurer.

Viele, vor allem kleine Betriebe, haben diese Umstellung nicht überlebt: In Österreich sind seit 1960 rund 250.000 land- und forstwirtschaftliche Betriebe verschwunden.

Angesichts dieser Entwicklungen entschied sich mein Vater also für die Vielfalt. Er experimentierte erfolgreich mit unterschiedlichen landwirtschaftlichen Methoden und Sparten. Schritt für Schritt und gemeinsam mit meiner Mutter Veronika diversifizierte er den Krameterhof.

Eines der ersten neuen Projekte war der Aufbau einer kleinen Teichwirtschaft. Mein Vater, der sich schon seit frühester Kindheit für Fische begeistert, hatte sich diese Idee in den Kopf gesetzt. Für die meisten seiner Zeitgenossen war das eine „Schnapsidee“: Ein Bergbauer mit einem Hof, der sich eher für die Anlage einer Skipiste eignete, steinig, flachgründig und noch dazu ohne große Wasserressourcen, will Teiche bauen? Seine Antwort: „Gerade weil es hier wenig Wasser gibt, mache ich Teiche."

Auch wenn es auf den ersten Blick verrückt schien, mein Vater hatte eine genaue Vorstellung davon, wie und wo er seine Vision verwirklichen konnte. Inspiriert haben ihn sicherlich auch die traditionellen Mühlteiche der Region. Früher musste das Wasser der Quellbäche und kleinen Gräben auf den Bergen in Teichen gestaut werden, um genug Wasser für den Betrieb der hofeigenen Mühlräder zur Verfügung zu haben.

Die Nachricht, dass ein verrücktgewordener Bauer ausgerechnet am Schwarzenberg Teiche baut, verbreitete sich wie ein Lauffeuer und bald wusste jeder im Lungau, wo und wer dieser Verrückte war.

Eine bessere Werbung für die neue Fischzucht am Krameterhof hätte es kaum geben können. Das Ganze entwickelte sich so gut, dass mein Vater gebeten wurde, auch andere Betriebe zu beraten. Er zeigte ihnen, wo und wie sie eigene Teiche für die Eigenversorgung mit Fischen anlegen konnten. Und so hat er bald nicht nur Fische, sondern auch sein Wissen verkaufen können.

Vom Erfolg befeuert wurden meine Eltern noch experimentierfreudiger. Trotzdem sind sie ihrer bewährten Strategie treu geblieben, nur Dinge zu machen, für die sie sich begeistern konnten, wie zum Beispiel Teiche, Vielfalt in der Tierhaltung, Pilzzucht oder Streuobstwiesen. Dieser Weg war fast immer erfolgreich, vielleicht sogar zu erfolgreich, denn beinahe hätte er sie ins Burnout geführt.

Die Arbeit meiner Eltern zog immer weitere Kreise. In den frühen 1990er Jahren wurde der Hof schließlich regelmäßig von Studierenden und Lehrenden diverser Universitäten besucht. Unter ihnen bestand einhellig der Tenor, dass es sich beim Krameterhof um eine „*Permakultur*" handle. Die Teiche, Terrassen und Pflanzgärten auf unserem Hof erinnerten die Besucher an das, was sie aus den Büchern über diese „neue Methode" der Landbewirtschaftung gelesen hatten.

Dabei war die Arbeitsweise meiner Eltern alles andere als neu. Auch heute orientieren sich die einzelnen Betriebszweige auf unserem Hof vorrangig an traditionellen Bewirtschaftungsmethoden.

Die Begeisterung für die Natur ist in unserer Familie quasi in den Genen verankert. Dass die Natur mit ihrer Vielfalt einen Wert darstellt und nicht nur als Ressource gesehen werden darf, wurde nie in Frage gestellt. Erhalt und Schutz der Natur ist gleichbedeutend mit dem Erhalt und Schutz unseres eigenen Lebensraumes. Immer war klar: Natur darf man nutzen, aber nie ausnutzen.

Unserer Familie war es schon immer wichtig, sich nie auf nur eine Einnahmequelle zu spezialisieren. Wir wollen vielseitig bleiben, um auf veränderte Bedingungen reagieren zu können und wir wollen mit möglichst wenig Aufwand gute Erträge erzielen. Für diesen Zugang zur Landwirtschaft ist der Begriff *Permakultur* tatsächlich passend – auch wenn er erst nachträglich und eher zufällig den Weg zu unserem Hof gefunden hat.

Der Krameterhof heute
© SAGIS

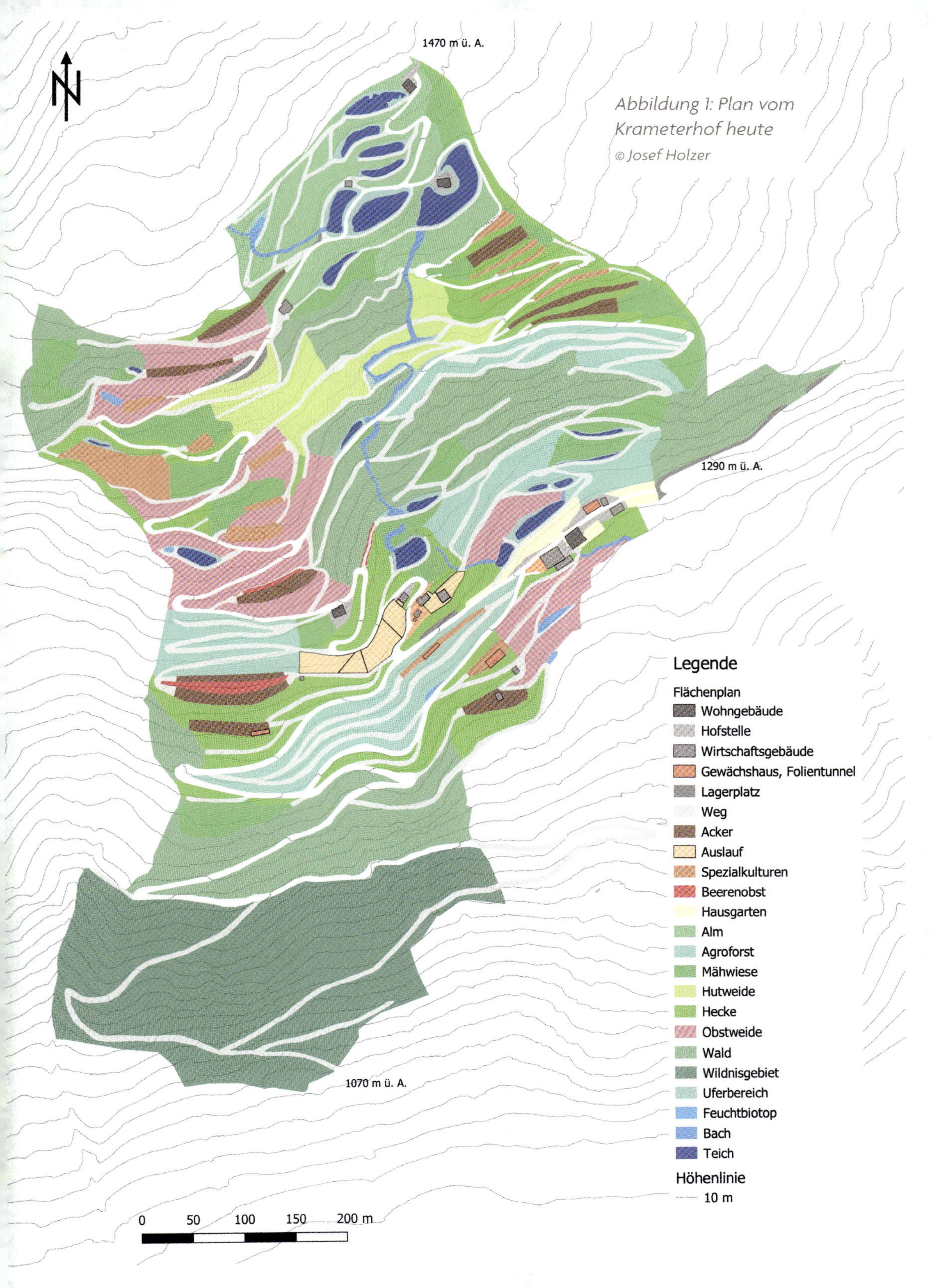

Abbildung 1: Plan vom Krameterhof heute
© Josef Holzer

KINDHEIT AM BERGBAUERNHOF VON SEPP HOLZER

Der Bergbauernhof meiner Kindheit war eine kleinstrukturierte Landwirtschaft der Vielfalt. 24 Hektar insgesamt, davon ein Teil Wald. Wir hatten ein paar Rinder – die auch unser Fuhrwerk gezogen haben –, gut 30 Schafe, ein paar Schweine, Hühner und Gänse. Alles, was wir brauchten, haben wir selbst produziert – sofern das möglich war.

Nichts wurde verschwendet, dafür alles genutzt. Was und wieviel angebaut wurde, hat man genauestens geplant und war in erster Linie davon abhängig, wie viele Menschen am Hof lebten und versorgt werden mussten. Der Arbeitstag begann früh am Morgen und endete erst in der Dunkelheit. Die Verpflegung ist genau eingeteilt worden. Für den strengen Winter mussten wir Reserven anlegen. Wurden dabei Fehler gemacht, hat man das den ganzen Winter lang zu spüren bekommen.

Sepp Holzer, zehn Jahre alt, 1952 *© Josef Holzer*

Nicht nur Lebensmittel, sondern auch Baumaterialien, Textilien, Seile oder Medizin wurden überwiegend direkt am Hof hergestellt. Das Geld für die wenigen Dinge, die wir nicht selbst herstellen konnten, holten wir aus dem Wald, indem wir dort jedes Jahr etwas Holz für den Verkauf geschlagen haben. Zusätzlich wurden besonders hochwertige Produkte wie Fleisch, Speck oder Butter verkauft, weshalb diese kostbaren Lebensmittel eher selten am eigenen Teller landeten.

Alles war sehr knapp und die Arbeit – damals war alles Handarbeit – sehr anstrengend.

Weil mein Bruder oder ich irgendwann einmal den Hof übernehmen sollten, hat man uns alles beigebracht, was man auf einem Bergbauernhof können muss.

Ja, wir haben wirklich alles gelernt und machen müssen, darunter auch Dinge, für die wir eigentlich zu klein waren, Arbeiten, die wir gar nicht mochten. Widerrede war zwecklos.

Rückblickend muss ich sagen, es war eine Schinderei und vieles hat den Bogen deutlich überspannt. Oft haben wir gearbeitet, bis wir umgefallen sind. Heute würde man zurecht sagen: „Das ist strafbar! Das ist Kinderarbeit!"

Wir mussten jede Arbeit machen, auch die gefährliche, wie die im Stall zum Beispiel. „Pass auf, dass d' nit z'ammtreten wirst!" hieß es immer. Das war gar nicht so einfach als kleiner Bub zwischen so großen Tieren.

Unfälle, gerade bei Holzarbeiten oder der Arbeit mit Tieren, gab es immer wieder.

In der Nachbarschaft sah man Etliche mit verkrüppelten Gliedmaßen. Selbst schwerste Verletzungen an Armen und Beinen waren meist nicht von einem richtigen Arzt – den man teuer hätte bezahlen müssen – sondern selbst oder von „Kurpfuschern" behandelt worden. Entsprechend schlecht sind die Wunden auch verheilt.

Jedenfalls – und das sollte man nicht schönreden – gab es damals viele äußerst anstrengende und riskante Arbeiten, die man uns Kindern nicht hätte zumuten dürfen.

Vieles wurde gemacht, das nicht begründet oder erklärt werden konnte. Wenn ich nachfragte, hieß es oft: „Das gehört sich einfach so! Das muss so gemacht werden und Punkt!"

Damals wie heute war wichtig, „was die Nachbarn sagen werden." Sinn hin oder her.

Die Atmosphäre am Hof war geprägt von Zwang und Strenge und ich habe nie verstanden, warum bei der Arbeit nur selten gelacht oder gesungen werden durfte.

Oft habe ich mir als kleiner Bub gedacht: Wenn ich einmal den Hof bekommen sollte, dann stelle ich das um, dann mache ich vieles ganz anders, viel besser!

Ich fand es zum Beispiel unnötig anstrengend, Erde und Mist mit dem Kuhgespann den Hang hinaufzubringen. Das Auf- und Abladen war eine Wahnsinnsarbeit und für eine einzige Fuhre Mist haben wir mindestens einen halben Tag gebraucht. Es ist mir nicht in den Kopf gegangen, warum man für so wenig Wirkung so einen Aufwand betreibt.

Zuwider war mir als Bub auch das ewige Steineklauben. Stundenlang sind wir in der prallen Sonne gestanden und haben uns mit den schweren Brocken abgemüht. Die Steine mussten weit weg vom Feld getragen und zu einem Haufen aufgeschichtet werden.

Was für eine Schinderei das war! Heute wäre so etwas unvorstellbar.

Solche Arbeiten wollte ich nicht machen, habe aber meinen Mund gehalten, weil der Vater bei Beschwerden sofort Watschen ausgeteilt hat: „Du hast zu machen, was ich dir sage und aus!"

Die schwere Arbeit hat mich aber auch zum Denken angestiftet: Wenn ich einmal den Hof übernehmen sollte, was würde ich damit wohl anfangen? Was würde ich anders machen und vor allem, wie?

Meine ersten unabhängigen Schritte waren kleine Waldgärten, die ich überall auf dem Hof anlegte und die mich in meiner Vermutung bestätigten, dass es auch andere, viel weniger anstrengende Möglichkeiten der Bewirtschaftung gibt.

„Diese oder jene Fläche, gerade auch die *schwierigen, undankbaren*, könnte man doch auch ganz anders nutzen", dachte ich. Und die ersten Experimente mit kleinen, aber erstaunlich produktiven Einheiten haben mich motiviert, weiter in diese Richtung zu gehen und alles Mögliche auszuprobieren.

Zu jener Zeit, also Anfang der 50er-Jahre, war die Not im Lungau groß. Ich würde es sogar eine Hungersnot nennen. Viele meiner Schulkollegen sind noch 1954 von Hof zu Hof gegangen, um zu betteln: „Geh', Krameterbauer, hast du nicht ein Ei für mich oder zwei?"

Das waren Kinder, die zuhause oft noch bis zu zehn Geschwister hatten. Die haben mit den Eltern gemeinsam in einem einzigen Zimmer geschlafen – getrennt nur mit Tüchern, die man im Raum aufgehängt hat.

Der Hunger war vor allem bei denen groß, die keinen Hof hatten und deren Eltern in der Fabrik im Tal arbeiteten. In der Schulpause kamen die hungrigen Kinder dann zu uns und haben gebettelt, denn wir Bergbauernkinder hatten immer Brot, etwas Butter und ab und zu sogar ein Stück Speck dabei. Die meisten anderen dagegen hatten nur trockenes Brot – und oft nicht einmal das.

Man musste aufpassen, dass man selbst zum Essen gekommen ist, so sehr wurden wir bekniet, unsere Jause zu teilen. Das ist so weit gegangen, dass so mancher sein Pausenbrot heimlich am Klo gegessen hat, damit er nicht so viel davon abgeben musste. Auch wenn wir immer was zu essen hatten, üppig war die Kost selbst für uns Bauernkinder nicht.

Eine harte Zeit war das. Besonders für Kinder, die damals überhaupt keine Rechte hatten. Körperliche Gewalt war allgegenwärtig. Es reichte schon, wenn ein Erwachsener schlecht gelaunt war und – *Zack!* – ist man schon wieder geschüttelt und abgewatscht worden.

Wenn man als Kind etwas wollte, musste man bedacht vorgehen, erfinderisch sein und es sich über Umwege beschaffen.

Ein wenig Freiraum verschafften mir kleine Summen Geld, die ich mir verdiente, indem ich selbstgezogene Pflanzen, Basteleien und manchmal auch kleine Tiere verkaufte.

Diese kleinen *Geschäfts-Erfolge* motivierten mich. Das bisschen Geld war zwar nicht der Rede wert, machte mich aber wenigstens ein Stück weit unabhängiger von den Erwachsenen – und das gefiel mir sehr.

Mein Glück war, dass man zu jener Zeit so gut wie alles handeln konnte: selbstgemachtes Spielzeug, ein Stück Speck oder einen jungen Hasen.

Das Verkaufen und Tauschen hat mir schon damals gut gefallen und erfolgreich war ich damit auch. Mit dem Erfolg ist auch mein Appetit gewachsen und ich wollte mehr und mehr produzieren.

Rückblickend kann ich sagen, dass mich dieser Drang weit gebracht hat, denn ich habe in der Folge vieles ausprobiert.

Was funktioniert hat, habe ich weiterverfolgt und so hat meine Permakultur am Krameterhof – ich hatte damals natürlich keine Ahnung, was das sein sollte – nach und nach Gestalt angenommen.

Schaue ich heute auf diese Zeit zurück, sehe ich, dass ich als Kind zwei wesentliche Dinge gelernt habe. Erstens: Du darfst nie aufgeben, musst Dich durchkämpfen und kreativ mit Widerständen umgehen. Und Zweitens: Wenn Du der Schinderei entgehen willst, musst du lernen, die Natur und die Zeit für dich arbeiten zu lassen.

PRÄGENDE VERSUCHE VON SEPP HOLZER

Den ersten Kastanienkern habe ich im Alter von fünf Jahren gepflanzt. Meine Mutter hatte behauptet, dass daraus ein Rosskastanien-Bäumchen wachsen würde und das hat sofort meine Neugierde geweckt. Ich sollte die Kastanie in die Erde stecken, diese feucht halten und abwarten, meinte sie. Ich war ganz aufgeregt und bin ständig zur Fensterbank gelaufen, um nachzusehen, ob sich im Blumentopf endlich was tut.

„Du musst schon Geduld hab'n", mahnte meine Mutter. Als es endlich so weit war und der Samen keimte, hatte ich eine Riesenfreude. Aus meiner Kastanie wird tatsächlich ein Baum werden! *Mein* Baum!

In der Rückschau kann ich sagen, dass aus diesen ersten Versuchen in der Stube alles Weitere entstanden ist. Denn angetrieben von den ersten Erfolgserlebnissen, habe ich immer mehr Samen eingesetzt. Als ich erfahren habe, dass man auch Stecklinge ziehen kann, waren bald alle Blumentöpfe und Fensterbänke in der Stube und der Küche voll mit meinen Pflänzchen.

Meiner Mutter wurde dieser Wildwuchs – „Stauderach!" – schließlich zu viel und ich musste meine Versuche ins Freie verlagern. Nur wohin? In ihren schönen Garten durfte ich nicht – den brauchte sie ja selbst. Auch andere schöne Flecken rund ums Haus waren tabu, weil der Vater dort regelmäßig mit der Sense gemäht hat – kein Grashalm durfte stehen bleiben, selbst jeder Zaunpfahl wurde rundherum feinsäuberlich ausgemäht. Ich musste also weiter weg vom Haus und suchte einen Platz im steilen Gelände, einen Flecken, der für meinen Vater möglichst unbrauchbar war.

Letztlich habe ich die meisten meiner Pflanzen zu einer Fläche gebracht, die der Vater von den Österreichischen Bundesforsten, also dem *Staatswald*, als Schafweide gepachtet hatte. Recht glücklich war er damit aber nie gewesen und oft schimpfte er über diese „Zeckenhoit": bocksteil, trocken, felsig und eben reich an Zecken.

Für mich und meine Pläne war dieser Flecken aber geradezu ideal. Denn es gab hier felsige Stellen, zu denen die Tiere keinen rechten Zugang hatten. Zwischen die Steine und Felsen habe ich etwas Erde und verwittertes Laub gelegt und darin dann alle möglichen Samen gesteckt. Es dauerte nicht lange und – *Bumm!* – überall schossen Pflanzen in die Höhe!

Warum das dort so wunderbar funktioniert hat, habe ich erst später verstanden:

Die sonnenbeschienenen Steine erwärmten sich tagsüber und gaben die gespeicherte Wärme an ihre Umgebung ab. Seither nenne ich diesen Temperaturausgleich, der sich positiv auf das Pflanzenwachstum auswirkt, den „Kachelofen-Effekt". Außerdem war es unter und – dank der Mulchschicht aus Laub – auch zwischen den Steinen immer schön feucht, was das Bodenleben und somit das Wurzelwachstum der Jungpflanzen förderte.

Mein erster Garten wuchs und wuchs und ich hatte eine riesige Freude damit. Bis mein Vater schließlich meinte, dass das dem Förster wohl nicht recht wäre: „Du kannst da nicht so viel herumgraben, das g'hört ja nicht uns!"

Aber das hat mich nicht aufgehalten – im Gegenteil: Ich habe mehr und mehr günstig gelegene Flecken gefunden und auch diese erfolgreich kultiviert.

Dann allerdings haben Hirsche und Hasen meinen Garten entdeckt und einigen Schaden angerichtet. Ich war ganz verzweifelt: „Das darf doch nicht wahr sein! Was kann ich tun!?"

Bei genauerer Betrachtung des Schadens erkannte ich, dass die Tiere offenbar jene Pflanzen verschonten, um die Berberitzen und ähnlich stachelige Pflanzen wuchsen. Ich musste also meine Bäumchen schützen und dieser Schutz durfte einerseits dem Förster nicht sofort auffallen und musste andererseits Hirsche abhalten. Ich baute also einen provisorischen, gut getarnten „Zaun" aus Ästen und Gestrüpp um die Bäumchen und rundherum pflanzte ich dann Berberitzen und andere dornige Pflanzen. Und das funktionierte! Die Pflanzen – nicht nur Bäume, sondern auch verschiedenes Gemüse – entwickelten sich nun ganz wunderbar.

Sepp Holzer: „Ich wollte den Menschen immer vermitteln, dass jeder ein Paradies schaffen kann und uns die Natur zeigt, wie es geht."
© Marcus Auer

Wenn Freunde oder Verwandte zu Besuch auf den Hof kamen, habe ich sie immer gerne durchs Gebüsch zu meinem versteckten Garten geführt. Wegen des üppigen Wuchses haben die meisten im ersten Moment gar nicht erkannt, dass sie mitten in einem Garten standen. „Was für eine Wildnis! So viele Pflanzen! Ja, was ist denn das alles?!", haben sie dann gefragt und ich habe ihnen voller Stolz erklärt, was hier alles wächst.

Mein Interesse nahm stetig zu und immer habe ich mich gefragt, was ich als nächstes angehen sollte. *Alles* wollte ich ausprobieren, *alles* – und am liebsten sofort! Dabei habe ich Erfahrungen gemacht, die zum Teil dem widersprochen haben, was man mir beigebracht hatte. Zum Beispiel, dass so manches Obst oder auch Walnüsse im Lungau nicht wachsen würden. Das hat meinen Kopf schwer werden lassen, denn bei mir Garten entwickelten sie sich doch prächtig.

Schließlich bin ich zur Einsicht gekommen, dass nicht immer alles stimmt, was die Leute sagen und mein Garten war der lebendige Beweis dafür. Also habe ich den Erwachsenen nicht mehr alles geglaubt und Sachen ausprobiert, die sonst keiner versucht hat.

Ich wollte meine eigenen Erfahrungen machen, habe gepflanzt und gesät und noch mehr gepflanzt und noch mehr gesät.

Das funktionierte wunderbar, aber mit dem Erfolg ist auch die Angst: gekommen: „Was, wenn der Förster das sieht? Auweh, das gibt sicher Schwierigkeiten!"

Was also tun? Am liebsten hätte ich den Bundesforsten das Grundstück abgekauft. Stattdessen haben die ihrerseits die Kosten für die Pacht – sie war nach Einschätzung meines Vaters ohnehin schon zu hoch angesetzt – sogar verdoppelt!

„Schluss!", entschied mein Vater: „Das ist zu viel Geld!"

Mir ist beinahe das Herz stehen geblieben. Was wird der Förster mit meinen schönen Gärten anstellen? Bestimmt würde er sie kaputt machen.

Aber: Nichts geschah. Gar nichts! Kein Mensch ist je dorthin gekommen und niemand hat sich an meinen Experimenten gestoßen. So bin ich immer frecher und frecher geworden und habe schließlich herumerzählt, dass man bei mir Pflanzen kaufen kann. Das hat manche Leute neugierig gemacht: „Ja, sag', wo ist denn dein Pflanzgarten? Wo kommt denn das alles her?" Wer es sehen wollte, den habe ich voller Stolz hingeführt und meiner Mutter haben die Leute dann gesagt, dass ihr Bub gewiss einmal Förster werden würde.

Aber das wollte ich ja gar nicht. Ich wollte immer ein Bauer sein, wollte Pflanzen vermehren und Tiere halten, mit meinen Versuchen weitermachen und noch viel mehr ausprobieren.

Auf diese Weise – also Schritt für Schritt – entwickelte sich mein Hof, dem ich so vieles zu verdanken habe. Er hat mir die Richtung gezeigt. Hier habe ich gelernt, zu beobachten und aus guten wie aus schlechten Erfahrungen die richtigen Schlüsse zu ziehen.

Menschen mit denselben Interessen haben mich auf meinem Weg unterstützt. Manche haben mir bei schwereren Arbeiten geholfen und aus allen Ecken und Enden hat man mir Samen zugesteckt, die ich ausprobieren sollte.

Die große Freude, die mir mein Hof gemacht hat, hat sich viel später dann auch auf viele Besucherinnen und Besucher übertragen. Und noch heute bekomme ich Post von Menschen, die mir schreiben, dass sie das, was sie dort mit ihren eigenen Augen gesehen haben, verändert hat.

Ich denke, es hat vor allem ihre Wahrnehmung verändert. Und wenn das passiert, tun sich ganz neue Möglichkeiten auf und man erkennt plötzlich, was man bis dahin alles *nicht* gesehen hat.

SCHULDEN, GIFT UND DÜNGER VON SEPP HOLZER

Als ich im Alter von 19 Jahren den Krameterhof übernommen habe, war der Hof verschuldet. Der Grund: Mein Vater war oft im Gasthaus, hat dort viel getrunken und beim Kartenspielen viel Geld verloren. Seine Schulden mussten wir dann mühsam wieder abarbeiten, was frustrierend war. Hätten wir nicht für all die Spielschulden und Gasthausbesuche aufkommen müssen, hätten wir wohl öfter einen schönen Braten zu essen gehabt. So aber mussten wir das meiste verkaufen. Zu viel von dem hart erarbeiteten Geld wurde umgehend wieder in der „Wirtschaft" umgesetzt. Ein selbstverschuldeter Teufelskreis, unter dem damals viele Familien litten. Wir waren keine Ausnahme.

Mit einem Schlag hatte ich also bei der Hofübernahme 30.000 Schilling Schulden. Damals war das eine Menge Geld und das Darlehen eine Belastung. Ich wollte es so schnell wie möglich loswerden. Aber womit anfangen, wenn man doch nichts hat? Niemand hat mir einen Lohn gezahlt. Nur ab und zu konnte ich mir mit Hilfsarbeiten ein wenig Geld dazuverdienen. Und so habe ich mich anfangs eher schlecht als recht irgendwie „durchgewurschtelt".

Ich wollte unbedingt mehr lernen, habe alles Nützliche gelesen, was mir in die Finger gekommen ist und gleichzeitig mehrere Ausbildungen gemacht.

In der landwirtschaftlichen Fachschule in Winklhof habe ich beispielsweise gelernt, wie man Obstbäume schneidet, veredelt und eine Baumschule führt. Und in der Bundesanstalt für Fischerei in Scharfling (Sankt Lorenzen) am Mondsee, habe ich viel Interessantes über Fischzucht und Teichwirtschaft erfahren.

Fischfütterung am Krameterhof heute *© Josef Holzer*

In dieser Zeit habe ich viele Dinge gelernt, die sehr nützlich für mich waren, aber auch vieles, das mich in die Irre geführt hat: „Hoppla! Das musst du ganz schnell wieder vergessen. Das funktioniert nicht und endet womöglich in einer Katastrophe."

Hätte ich beispielsweise meine Bäume am Krameterhof so geschnitten, gespritzt und gedüngt, wie ich es damals in der Ausbildung gelernt habe, hätte bei mir am Hof wohl kein einziger Obstbaum überlebt.

„Wer modern ist, der düngt und spritzt!", hieß es damals in der landwirtschaftlichen Fortbildungsschule. „Das ist die Zukunft!"

Als junger Mann habe ich das zumindest eine Zeit lang sogar geglaubt. Denn auch ich wollte modern sein und Neues ausprobieren: Gas gegen Wühlmäuse, Gift gegen Insekten, und Vollkorn*-Dünger für den Acker.

Nie zuvor war ich mit Mineraldünger oder Spritzmitteln in Berührung gekommen. Auf unserem Hof gab es nichts dergleichen. Mein Vater war, wenn man so will, sein Leben lang „Voll-BIO", also zu hundert Prozent unabhängig von Kunstdünger und Gift. So etwas hätte er von sich aus nie angefasst. Erstens hat er es nicht gebraucht, zweitens war es schwer, ihn für Neues zu begeistern, und drittens hätte er es sich auch gar nicht leisten wollen.

Aber dann gab es eine „Düngemittel-Aktion" und ich habe ihn überredet, da mitzumachen. Sechzig Prozent Förderung hat man für den Kunstdünger bekommen, wenn man zu einer gewissen Uhrzeit an der Ausgabestation unten in Ramingstein war. Mit Kühen und Rössern sind die Bauern dann vor dem Lager angestanden und haben sich den vergünstigten Kunstdünger geholt – soweit ich mich erinnere, war es Thomasmehl**.

Boah! Was für eine elendige Schinderei es war, das Zeug mit zwei schwitzenden Kühen den Berg hinaufzubringen. „So ein Blödsinn! Und sauteuer noch dazu!", hat mein Vater geschimpft, „wozu brauchen wir das überhaupt?!"

„Vater, wir müssen wenigstens ein paar Säcke davon ausbringen, sonst werden wir Bergbauern als Hinterwäldler ausgelacht!"

Es war nämlich so: Wer den geförderten Dünger bekam, der musste genaue Aufzeichnungen darüber machen, auf welchen Flächen, welche Mengen ausgebracht wurden. Um das zu kotrollieren, kam eigens ein Wirtschaftsberater von der Bauernkammer zum Hof und der war – ausgerechnet! – mein Lehrer auf der Landwirtschaftsschule.

Wenn mich der also fragt: „Wieviel Dünger habt ihr denn ausgebracht?", konnte ich darauf unmöglich antworten: „Gar keinen, Herr Lehrer, weil den brauchen wir gar nicht." Also hat mein Vater widerwillig mitgespielt und gemeint, ich solle das Zeug dort verstreuen, wo er Erdäpfel und Weizen anbauen wollte. Was habe ich mich abgeschleppt! Dieser Dünger war übrigens schwarz und darum habe ich nach dem Ausbringen ausgesehen „wie ein Rauchfangkehrer!", wie meine Mutter meinte. Und wirklich, ich war kohlschwarz – von Kopf bis Fuß. Außerdem haben meine Hände gebrannt und meine Kleider

** Vollkorn bedeutet, dass die Hauptnährstoffe Stickstoff, Phosphor und Kalium enthalten sind. Als Synonym für diesen mineralischen Dünger wird auch der Begriff NPK-Dünger verwendet.*
***Thomasmehl (Thomasphosphat) ist ein phosphatreiches Düngemittel, das als Nebenprodukt der Eisen- und Stahlerzeugung hergestellt wird.*

waren komplett versaut. Und das alles nur, damit der Herr Lehrer mit mir zufrieden sein konnte und ich vor den anderen nicht als Hinterwäldler dastehe.

Vergebens, denn man sagte uns, dass wir viel zu wenig Dünger gekauft hätten. „Mag sein", meinte mein Vater, „aber den Weg zweimal an einem Tag, das packen meine Kühe nicht."

Das erste Gift, das bei uns am Hof zum Einsatz kam, wurde uns als „Hederich-Granit" vorgestellt – Hederich ist ein alter Name für den Acker-Rettich (*Raphanus raphanistrum*), ein lästiges Unkraut.

„Das Zeug brauchst du nicht spritzen, das kannst du säen", hatte man uns in der Schule erklärt. „Schmeiß' es direkt ins Gerstenfeld, dann verschwindet das Unkraut wie von selbst", war die Anweisung. Und tatsächlich: Das Unkraut ist braun geworden, das Getreide aber nicht. Das hat bei den Bauern natürlich Eindruck hinterlassen! Plötzlich war das Feld schön sauber – unabhängig davon, wie gut oder schlecht man zuvor gearbeitet hatte.

Schnell sind diese neuen, chemischen Produkte zu Wundermitteln verklärt worden, die das Leben von nun an erleichtern würden.

Weil ich eine Ausbildung zum Baumschul-Gärtner gemacht hatte, habe ich den „Giftschein", also eine Giftbezugsbescheinigung bekommen. Damit konnte ich noch viel mehr und auch wirklich „gute", sprich weit wirksamere, gefährlichere Mittel verwenden. Jetzt war ich also modern, durfte fürchterlich stinkendes Gift verspritzen, Unkräuter und Schädlinge vergiften, Wühlmäuse vergasen. „Beim Vergasen müsst ihr aber aufpassen", meinte der Lehrer, „denn das Polytanol* kann explodieren."

Sepp Holzer: „So wurde in den 1950ern Werbung für Schädlingsbekämpfung gemacht."
Quelle: www.landtechnik-historisch.de

Mein Gott, hat das Zeug gestunken! Und obendrein war es sauteuer. Auch die Anwendung mit DDT haben wir gelernt – gegen Läuse und dergleichen wurde das damals eingesetzt. Dann aber ist DDT, und später auch „E605 forte" (Parathiaon), verboten worden.

**Polytanol enthält Calciumphosphid. Dieses reagiert mit der Bodenfeuchtigkeit und bildet dabei giftigen Phosphorwasserstoff, der wegen seines knoblauchartigen Geruchs leicht wahrnehmbar ist. Polytanol gast bis zu 48 Stunden aus. In Berührung mit Wasser entstehen Gase, die sich spontan entzünden können.*

Und da bin ich dann erst recht misstrauisch geworden und habe viel dazu gelesen. Jedenfalls waren mir diese Gifte schon damals nicht geheuer. Aber sobald ich Bedenken geäußert oder auch nur nachgefragt habe, bin ich nur geschimpft worden: „Wenn man das alles so genau nehmen würde wie du, könnte man ja gar nichts mehr verwenden."

Dann kam ich in die Bundesanstalt für Fischereiwirtschaft nach Scharfling am Mondsee, wo ich etwas über Teichwirtschaft lernen wollte. Dort gab es einen Professor, der uns gezeigt hat, wie man die Teiche mit Superphosphat oder auch mit Mist und Jauche düngt, damit sie mehr Fische produzieren würden.

„Kunstdünger, Mist und Jauche ins Wasser? Naja, wenn das der Professor sagt, wird da schon was dran sein", habe ich damals gedacht, auch wenn mir das nicht besonders gefallen hat. Eines Tages hatten wir dann Unterricht von einem Praktiker, dem Fischmeister Bachinger. Das war ein großer, alter Mann, der uns viel Nützliches über Fischzucht beigebracht hat. Den habe ich gefragt, was er persönlich davon hielt, die Teiche so zu düngen, wie wir es bei seinen Kollegen gelernt hatten.

„Na schön, ich zeige euch was. Bringt mir ein paar Regenwürmer." Die Würmer hat er in ein paar Gläser mit Erde verteilt. Es war schon Abend als er in die Gläser mit den Würmern jeweils eine kleine Menge in Wasser gelösten Dünger geschüttet hat. In das eine Glas kam etwas Kalium, in ein anderes etwas Superphosphat.

Gleich in der Früh am nächsten Tag haben wir nachgesehen, was sich getan hatte. Alle Würmer, die mit Dünger in Kontakt gekommen waren, waren bleich, verdreht, gestorben.

„Warum sind die alle tot?", wollte ich vom Fischmeister wissen, denn ich hatte mich schon damals für Regenwürmer interessiert und wusste aus eigener Erfahrung, wie wichtig sie sind: Ohne Mulch und Regenwürmer wäre in meinen felsigen Pflanzgärten wahrscheinlich kaum etwas gewachsen.

„Der Kunstdünger, hat sie umgebracht", erklärte der Fischmeister: „Das sind Salze und die verträgt der Regenwurm nicht. Und wenn die Würmer daran sterben, sterben auch andere Lebewesen daran. Seid also vorsichtig und genau, wenn ihr diese Mittel anwendet."

Dass der Dünger ausnahmslos alle Würmer umgebracht hatte, ist mir noch lange im Kopf umgegangen. Genauso wie das, was uns der alte Mann noch mitgegeben hatte:

„Am besten, ihr entscheidet selbst, ob ihr mit dem Zeug arbeiten wollt. Ihr habt das letzte Wort."

PLENTERN UND PLANTAGEN VON SEPP HOLZER

Die Art und Weise, wie wir früher unseren Wald bewirtschaftet haben, war äußerst beschwerlich und riskant. Man kann sich das heute kaum vorstellen: schwerste körperliche Arbeit in schwierigem Terrain, ganz ohne Maschinen.

Die Waldflächen waren immer die am schwierigsten zu bewirtschaftenden Flächen. Denn überall, wo es flacher und der Boden fruchtbarer war, wurde er landwirtschaftlich genutzt – als Acker oder Weide.

Der Wald war an den steilsten, steinigsten und kargsten Stellen, also dort, wo eine andere Nutzung kaum möglich oder sinnvoll war. Dorthin gab es freilich auch keine ordentlichen Wege und wir mussten in aller Früh zu Fuß aufsteigen – oft durch meterhohen Schnee.

Die Bäume haben wir mit der Zugsäge und der Axt händisch gefällt und – ebenfalls mit der Zugsäge – auf die entsprechende Blochlänge zugeschnitten. Danach wurden die Stämme noch entrindet, damit man sie leichter aus dem Wald ziehen konnte.

Ziehen musste man sie von Hand, wenn sie im steilen Gelände nicht selbst ins Rutschen gekommen sind, was – wie man sich denken kann – auch sehr gefährlich war. Bei der Arbeit im Hang ist es oft passiert, dass ein geschälter und darum rutschiger Stamm weit ins Tal gerast ist – unkontrolliert und somit mordsgefährlich! Die Stämme wurden auf Schlitten geladen und über Hohlwege ins Tal gebracht. Dabei musste man die tonnenschweren Fuhren händisch mittels „Tatzen" bremsen. Und das ist nicht selten schiefgegangen.
Kaum eine Arbeit war schwerer und gefährlicher als „ins Holz" zu gehen.

Gefällt wurden nur schöne, stattliche Bäume, bei denen sich der Aufwand auch lohnte. Gleichzeitig durften sie nicht zu groß sein, um sie noch handhaben zu können. Wir haben damals also große, aber eben keine riesigen Bäume gefällt. Die imposanten *Riesen* sind erst viel später – *Sünd und Schande!* – den modernen Motorsägen zum Opfer gefallen.

Durch unsere Art der Bewirtschaftung waren die Wälder anders strukturiert als heutige Forste. Es gab eine Durchmischung im Wald – nicht nur vieler Arten, sondern auch unterschiedlicher Altersstufen. Unsere Waldnutzung würde man heute wohl als Plenterwirtschaft bezeichnen: Große Kahlschläge gab es nicht. Wir haben immer nur einzelne Bäume oder kleine Baumgruppen entnommen.

Durch die Fällung kam wieder mehr Licht auf den Waldboden – und sofort sind Jungbäume in die Höhe geschossen, die den freigewordenen Platz nutzen wollten. Sie sind also von selbst hochgekommen, ohne unser zutun.

Was heutige Forstleute Naturverjüngung nennen, war damals selbstverständliche, gängige Praxis. Niemandem wäre in den Sinn gekommen, im Wald Bäume zu pflanzen. Man hätte dich für verrückt erklärt.

Die gleichförmigen Monokulturen im Wald sind erst durch die moderne Forstwirtschaft entstanden. Man hat uns „rückständigen Bergbauern" erklärt, wie ein moderner Forst aussehen muss: Zuerst wurden immer größere Kahlschläge gemacht und dann musste man auf den freigewordenen Flächen Bäume setzen. Bisher war das – wie schon gesagt – nie nötig gewesen, da sich die Bäume in unseren kleinen Wäldern wunderschön selbst vermehrt hatten.

Naturdenkmal Baumriese *© Josef Holzer*

Der Plenterwald

Der Plenterwald zeichnet sich durch eine besonders nachhaltige Bewirtschaftung aus, die einen sich ständig verjüngenden Dauerwald entstehen lässt. Die Bäume werden einzeln entnommen, was einer natürlichen Verjüngung am nächsten kommt.

In der Praxis bedeutet das, dass alle Altersklassen und Stamm-Dimensionen – vom Keimling bis zum Starkholz – zur gleichen Zeit nebeneinander vertreten sind.

Die historischen Ursprungsgebiete des Plenterns ist der Westen Österreichs, der Südwesten Deutschlands, die Schweiz, das französische Jura sowie Slowenien. Die Bauern dieser Regionen haben ihr Wissen mündlich weitergegeben – das Plentern ist Gebrauchswissen und der Plenterwald ein generationenübergreifendes Projekt.
Die professionelle Forstwirtschaft wurde im ausgehenden 19. Jahrhundert auf die Vorteile dieser traditionellen Wirtschaftsweise aufmerksam. Elias Landolt, Professor für Forstwissenschaft an der ETH Zürich, schrieb 1895:

„Die Plänterwaldungen stehen dem vom Menschen nicht berührten Urwalde am nächsten, insofern sie nicht übernutzt sind (...), der Plänterhieb darf daher als die natürlichste Behandlung des Waldes angesehen werden.“ (Elias Landolt, ETH Zürich „Der Wald, seine Verjüngung, Pflege und Benutzung“ 1895).

Ein Plenterwald weist jederzeit in etwa den gleichen Holzvorrat, was ihn grundsätzlich vom Altersklassenwald unterscheidet. Dort wachsen die Bäume der verschiedenen Altersklassen nicht gemischt miteinander, sondern räumlich getrennt voneinander auf. Innerhalb einer bestimmten Fläche sind also alle Bäume dieser Altersklassenwälder oft nicht nur von der gleichen Art, sie sind auch gleich alt, beziehungsweise gleich stark.

Per Definition erneuert sich ein Plenterwald auf einer eng begrenzten Fläche aus sich selbst. © Josef Holzer

Dementsprechend herrscht hinsichtlich Licht, Standraum und Bewurzelung, bzw. Wurzelhorizont Uniformität. Diese Forste werden gleichmäßig gepflanzt, mehrfach durchforstet und alle 60 bis 100 Jahre mittels Kahlschlags geerntet.

Im Gegensatz dazu wird im Plenterwald immer nur der Zuwachs geerntet, während das „forstliche Kapital" konstant in etwa gleich hoch bleibt. Genutzt werden also nur die „Zinsen" in Form des Zuwachses, während das „Kapital" im Grunde unangetastet im Wald verbleibt.

Gleichgewicht im Plenterwald bedeutet, dass die Baumdurchmesser so verteilt sind, dass in jeder Durchmesserklasse etwa gleich viele Bäume vorhanden sind. Dadurch wachsen gleich viele Bäume in die jeweilige Durchmesserklasse hinein, wie aus ihr herauswachsen oder genutzt werden. Das bedeutet auch, dass nur durch regelmäßige Nutzung des Zuwachses ein Plenterwald im Gleichgewicht gehalten werden kann. Ohne Nutzung verliert ein Plenterwald seine Struktur, die aus Bäumen aller Entwicklungsstufen besteht.

„Ein gänzliches Ausschliessen der Axt aus denselben wird mit der Zeit ebenso verderblich, wie eine zu starke Lichtung...". (Elias Landolt, ETH Zürich „Der Wald, seine Verjüngung, Pflege und Benutzung" 1895).

Nicht nur der Holzvorrat bleibt im Wesentlichen immer der gleiche, auch die Waldstruktur bleibt erhalten. Von außen betrachtet ändert sich der Plenterwald daher kaum – trotz der erheblichen Dynamik, die sich aus Zuwachs und Entnahme ergibt.

Die Steuerung des Systems erfolgt über die sorgsame Dosierung des Lichts. Diese entscheidet über die Fähigkeit der Jungbäume nachzurücken, also in höhere Schichten aufzusteigen: Je beschatteter der Standort, desto weniger beziehungsweise langsamer erfolgt die Verjüngung.

Herausragend ist die Durchwurzelung im Plenterwald: Hier werden die Bodenschichten weit besser genutzt als im Altersklassenwald: Flach-, Herz- und Pfahlwurzler stehen direkt nebeneinander, dringen tief in den Boden ein und schaffen ein Wurzelnetzwerk, das auch große Mengen Niederschlagswasser zurückhalten kann. Solche Wälder sind ein erheblicher Schutz hinsichtlich Lawinen und Erdrutschen.

Plenterwirtschaft basiert auf Erfahrung, tradiertem Wissen und der Arbeit mit der Natur. Es gilt, die Dynamik der Waldentwicklung im Auge zu behalten und diese nicht zu stark zu stören. Die Bäume für die Entnahme müssen wohlüberlegt ausgesucht werden, damit der Bestand insgesamt stabil bleibt und auch die nächsten Generationen einen funktionierenden Plenterwald vorfinden.

Im Grunde entspricht die Bewirtschaftung des Plenterwaldes der Denkweise, die in einem scheinbar widersprüchlichen Ausspruch des englischen Philosophen Francis Bacon (1561–1626) zum Ausdruck kommt: *„Nature to be commanded must be obeyed – Wer der Natur befehlen möchte, muss sich von ihr leiten lassen."*

Plötzlich hieß es: „Du musst 10.000 Fichten pro Hektar pflanzen, wenn du ein moderner Bauer sein willst." „Was!? 10.000 Stück?! Ein Baum pro Quadratmeter?! Aber das ist doch ein Wahnsinn! Wieso sollte ich denn das machen?", habe ich, ein Jungbauer Anfang 20, gefragt. „Weil du sonst keine Förderung für eine Aufforstung bekommst!", war die Antwort.

Die Vorgaben seien eindeutig und unmissverständlich, da gäbe es nichts zu rütteln. Wer sie einhielt – und das wurde natürlich von der Behörde genau überprüft – bekam 60 % „Aufforstungsbeihilfe". Auch die eigene Arbeitsleistung wurde damals berücksichtigt und darum war das aus der Sicht von uns Bauern ein verlockendes Angebot: „Fast geschenkte" Bäume bei bezahlter Arbeit! So viele Bauern in unserer Gegend haben es angenommen und aufgeforstet.

10.000 Fichten, dicht an dicht. Damit die wachsen konnten, brauchte es aber viel und regelmäßige Pflege – das war allen klar. Es gab zudem die Vorgabe, die Bäume mit mineralischem Volldünger – also einer Mischung aus Stickstoff, Phosphat und Kalium – zu düngen: „Vier bis sechs Dekagramm *Vollkorn rot* pro Quadratmeter!" Wir sollten je eine Dosis dieses Mineraldüngers bei der Pflanzung im Mai und eine zweite im August oder September ausbringen. Und das haben wir dann auch alle gemacht. Davor wäre niemand auf die Idee gekommen, den Wald zu düngen! Hätte ich das meinem Großvater erzählt, er hätte mir niemals geglaubt, denn: „So blöd kann doch kein Mensch sein!"

„Gefördert von der Kammer für Land- und Forstwirtschaft" stand dann auf einer 40 x 60 cm großen Tafel, die man bekam, wenn man die Aufforstung nach Vorschrift und zur Zufriedenheit der Behörde umgesetzt hatte. Irgendwo am Krameterhof muss so eine Tafel noch herumliegen, denn auch ich war damals so blöd und habe das alles mitgemacht. Gerade so, wie man es von einem modern denkenden Jungbauern eben erwartet hat.

Ich habe also hübsch aufgeforstet und als der Forstinspektor zur Überprüfung der Anlage kam, war er im Großen und Ganzen auch recht zufrieden mit meiner Arbeit: „Sehr ordentlich!" – Hier und da sollte ich noch das Unkraut mit einem Gift namens *Dicopur Spezial* wegspritzen. Und den einen oder anderen Laubbaum, der noch auf der Fläche stand, hätte ich mit einer Mischung aus Diesel und *Lignopur D* behandeln sollen, damit er „verschwindet".

Alle haben mitgemacht und in kurzer Zeit wurden sehr viele Flächen in unserer Gegend nach dieser Methode aufgeforstet. Dasselbe geschah gleichzeitig auch in Deutschland und der Schweiz. Überall, wo ich damals hingekommen bin, dasselbe Bild: Fichten, Fichten, Fichten. Die Bauern dachten damals, sie hätten ein gutes Geschäft mit den Aufforstungen gemacht. Aber das war natürlich nicht so.

Ein paar Jahre später hat Rotwild massive Schälschäden in den Aufforstungen angerichtet. Dabei haben die Tiere die Bäume nicht nur vereinzelt geschält, also ihre Rinde gefressen, nein, sie haben ganze Bestände verwüstet! Das war ein enormer Schaden – mit nichts zu vergleichen, was ich bis dahin gesehen hatte.

Das Verhalten der Tiere hat mir zu denken gegeben: „Warum fressen die Hirsche plötzlich diese Fichtenrinden? Früher hatten sie die doch nie recht gemocht."

Also habe ich mich genauer umgesehen und da ist mir plötzlich bewusst geworden, wie so ein moderner Forst aus der Perspektive eines Hirsches wirken muss: Das ist ja im Grunde nichts anderes als eine Wüste!

Altersklassenforst – symptomatisch für den Zustand permanenter Überforderung
© Josef Holzer

Stell Dir vor, Du bist ein Hirsch und stehst in dieser Monokultur: 30, 40 Hektar mit nur einer Baumart. Eine Fichte neben der anderen. Nur dürre Äste und Nadelstreu am Boden. Kein Licht. Kein Grashalm. Kein Blatt. Gar nichts!

Was soll denn der Hirsch da noch zu fressen finden, außer Fichtenrinde? Weil er sonst nichts findet, bleibt ihm gar nichts anderes übrig, als die Fichten zu schälen.

Und dann habe ich den Gedanken noch weitergesponnen: Vielleicht folgt das Tier ja einem Instinkt, der ihm sagt, dass es seinen Lebensraum erhalten und verteidigen muss. Also beginnt der Hirsch die Bäume zu schälen. Hier ein paar und dort ein paar. Dann lässt er wieder welche stehen. Und so weiter. Er sucht nicht das Weite, sondern arbeitet sich durch den dichten Forst. In der Folge werden die geschälten Bäume immer schwächer. Von Pilzen und Schädlingen befallen, brechen sie früher oder später zusammen. Dadurch gelangt wieder Licht in den Wald. Jetzt kehren auch immer mehr Vögel zurück und bringen Samen mit. Bald sprießt der Waldboden – überall kommen Sträucher und unterschiedliche Bäume auf und setzen der Monokultur ein Ende.

Ich denke, dass die Hirsche solche Aufforstungen wie ein Gefängnis empfinden und ihr Naturinstinkt sorgt dafür, dass sie dieses Gefängnis zerstören. Natürlich sind das alles Spekulationen, denn wer kann schon in den Hirsch hineinschauen? Aber eines ist unbestritten: Mit ihrem Verhalten haben uns die Tiere klargemacht, dass wir am Holzweg sind.

Ein paar Jahre später hat dann der Wind die meisten Monokulturen in unserer Gegend „umgehauen". Und was wurde dann gemacht? Wie hat man reagiert?

Auf dem Großteil der betroffenen Flächen hat man dieselben Fehler noch einmal gemacht! Wieder wurde nach demselben Prinzip aufgeforstet. Vielleicht ein bisschen weniger dicht als beim ersten Mal, aber im Grunde ändert das nicht viel.

Ich selbst habe jedenfalls schnell wieder mit dieser Monokultur-Wirtschaft aufgehört, denn mir war bewusst geworden, dass die Tiere instinktiv schlauer sind als so mancher „moderner Forstwirt".

Altersklassenforst

Beim Altersklassenwald werden Bäume mit dem Ziel gepflanzt, in homogenen Forsten mit meist nur einer Baumart Holzproduktion zu betreiben.
Die Bäume werden gleichzeitig gepflanzt, sind also alle gleich alt beziehungsweise gleich stark. Sie werden im Lauf der Zeit mehrfach durchforstet und sollen in ferner Zukunft – in der Regel in 60 bis 100 Jahren – mittels Kahlschlags geerntet werden. Danach beginnt auf derselben Fläche der Zyklus von neuem. Auf dem „nackten Feld" werden wieder Bäume gleichen Alters und meist nur einer Art gepflanzt und so weiter.

Das Problem ist, dass der Altersklassenwald seiner Natur nach besonders anfällig für alle möglichen Störungen ist.
Gerade den Fichten-Monokulturen, die seit Beginn des 19. Jahrhunderts gepflanzt wurden und unsere Landschaft vielerorts dominieren, setzen Trockenheit und hoher Schädlingsdruck seit Jahren stark zu. Sturmschäden, Trockenstress und das massenhafte Auftreten von Schädlingen wie den berüchtigten Borkenkäfern (vor allem der Buchdrucker, *Ips typographus*), sogenannte Kalamitäten, sind im Monokultur-Forst eher die Regel als die Ausnahme.

Im Zuge des Klimawandel nimmt die Anfälligkeit dieses Systems für Kalamitäten weiter zu. Der Klimawandel zeigt damit die Schwächen des Altersklassenwalds besonders deutlich auf.

Um das Ausfallsrisiko zu minimieren, wäre es längst an der Zeit, den Waldbau und seine Ziele neu auszurichten. Noch aber können sich weder Forstwissenschaft noch -wirtschaft von ihrem Liebkind trennen.
Der Altersklassenwald ist für sie „der Normalwald" und immer noch das Bezugsmodell der Forstökonomie schlechthin. Langfristig gerechnet ist der Altersklassenwald ökonomisch jedoch uninteressant und verlustreich.
Derzeit werden Milliarden an offenen und versteckten Förderungen für die Stabilisierung dieses Systems bzw. dessen Umbau gesteckt. Die Profiteure dieser Krise findet man in der holzverarbeitenden Industrie. Die hat ständig billiges Kalamitätsholz zur Verfügung, das mit teils enormen Margen weiterverkauft werden kann.

Bis heute prägt der Altersklassenwald die Wissenschaft sowie – als „Stand der Technik" – die gesamte Forstwirtschaft und damit auch alle heute geltenden Forstgesetze. Diese sprechen allgemein zwar vom „Wald", meinen aber im Grunde immer den Altersklassenwald, obwohl dieser mit einem naturnahen Waldsystem nur wenig gemein hat.

Der Altersklassenwald steht im Widerspruch zu dem, was Wald eigentlich ausmacht: Kontinuität. Denn Wälder, die von Natur aus wachsen, wachsen potenziell ewig – räumlich und zeitlich.
Das Vorbild des Altersklassenwaldes ist aber nicht der natürliche Wald, der sich selbst erneuert und weitgehend stabil bleibt, sondern der Ackerbau mit seinem Zyklus aus Anbau und Ernte.

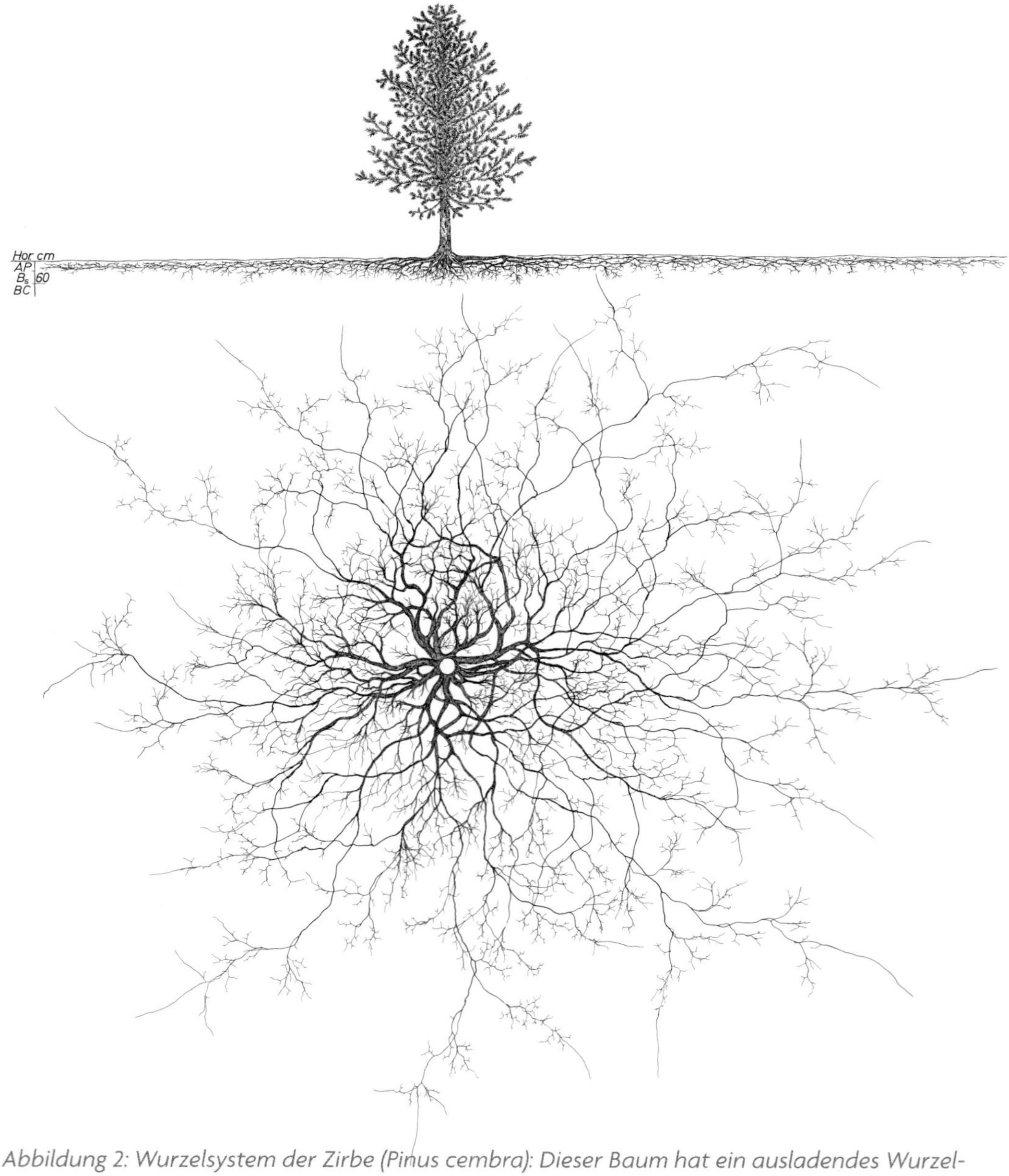

Abbildung 2: Wurzelsystem der Zirbe (Pinus cembra): Dieser Baum hat ein ausladendes Wurzelsystem. Dies hilft ihm, in den rauen alpinen Regionen, in denen er vorkommt, stabil zu wachsen und sich an extreme Wetterbedingungen anzupassen, einschließlich kalter Winter und kurzer Vegetationsperioden.

Quelle: Kutschera/Lichtenegger: Wurzelatlas mitteleuropäischer Waldbäume und Sträucher, 3. Auflage, Leopold Stocker Verlag, 2023, Seite 193

EIN ZIRBEN- UND MENSCHENFRESSER VON SEPP HOLZER

Die Zirbe (*Pinus cembra*) ist mein Lieblingsbaum! Auf der *Saudorfer-Hüttn*, einer Almhütte, die schon seit langer Zeit nicht mehr bewirtschaftet wird, stehen nebeneinander zwei wunderschöne Zirben. Vom höchsten Punkt des Krameterhofs aus ist es dorthin nur etwa eine Viertelstunde zu Fuß bergauf und die bin ich schon als Bub oft gegangen. Immer, wenn ich an den beiden Zirben vorbeigekommen bin, habe ich sie vor lauter Begeisterung umarmt. Das Zirben-Aroma ist für mich etwas ganz Besonderes – einmalig, wunderbar! Ab und zu habe ich mir auch „Zweigerl" abgeschnitten oder Zapfen mitgenommen, damit mich ihr herrlicher Duft begleitet.

Später, als Bauer, wollte ich natürlich auch so schöne Zirben auf meinem Grund stehen haben. Meine Idee war es, am Krameterhof eine Weidelandschaft mit Zirben aufzubauen. Also habe ich Jungpflanzen von Almen aus der Umgebung ausgegraben und bei mir gepflanzt – natürlich immer mit der Zustimmung der jeweiligen Besitzer, denn einen so wertvollen Baum hätte ich nicht genommen, ohne zu fragen.

Zusätzlich zu dieser Wildsammlung habe ich auch selbst viele Bäumchen aus Samen gezogen.

Dazu brauchte ich die Hilfe von Wurzelpilzen, sogenannten Mykorrhizapilzen, den natürlichen, lebenswichtigen Partnern der Bäume. Also habe ich vorsorglich Erde aus einem gesunden Zirben-Wäldchen genommen und ein wenig davon am Krameterhof verteilt. Und zwar überall dort, wo die Zirben später einmal stehen sollten. Die Pilze, so mein Gedanke, würden diese Flächen besiedeln – wenn auch nur sehr langsam. Zusätzlich habe ich etwas von dieser Erde auch zur Topferde für meine Sämlinge gemischt. So konnte sich der Pilz im Anzuchttopf ausbreiten und mit dem Sprössling eine Verbindung eingehen.

Ektomykorrhiza-Verbindung am Beispiel eines Zirbenbäumchens: Diese Verbindung stellt die in mitteleuropäischen Wäldern am häufigsten vorkommende Wurzelsymbiose dar. Das Mycel (Gesamtheit der sich verzweigenden Hyphen) bildet einen dichten Mantel (Scheide) um die jungen, unverkorkten Wurzelenden. Als Reaktion schwellen die Wurzelenden keulig an und entwickeln keine Wurzelhaare mehr. Die Hyphen des Pilzes übernehmen die Aufgabe der fehlenden Wurzelhaare. Sie reichen bis weit in die Bodenmatrix hinein, sodass eine gute und umfangreiche Nährstoff- und Wasseraufnahme sichergestellt ist. Zudem schützen die Mykorrhizen die Baumwurzel vor Infektionen. © Josef Holzer

Dieser Prozess heißt Mykorrhizierung: Dabei verbindet sich der Pilz mit dem Wurzelsystem der Pflanze, wodurch diese viel mehr Nährstoffe und Wasser aufnehmen kann als ohne Pilzpartner. Damals war ich wohl einer der Ersten weit und breit, der Bäumchen „mykorrhiziert“ hat.

Fünf Jahre habe ich die eingetopften Zirbenbäumchen bei mir am Hof gehegt und gepflegt. Dann waren sie immerhin 20 bis 30 cm groß und endlich bereit, ausgepflanzt zu werden. Nur wann? Ist ja nie genug Zeit auf so einem Hof!

Da tauchte eines Tages ein junger Mann am Krameterhof auf. Unangemeldet und mir nicht bekannt. Er stellte sich als „williger Praktikant“ vor, der bei mir etwas über Landwirtschaft lernen wolle. Mein Hof war mittlerweile schon ein wenig bekannt und manchmal tauchten interessierte Menschen auf, die bei uns mitarbeiten wollten. Er habe von mir gehört und wolle unbedingt bleiben, lernen und anpacken.

Offenbar hatte ich ihm am Telefon schon einige Male abgesagt. Das hatte wohl damit zu tun, dass ich – abgesehen von wenigen Ausnahmen – im Allgemeinen keine guten Erfahrungen mit Praktikanten und Praktikantinnen gemacht hatte.

Bei mir muss bei der Arbeit was weitergehen! Und ich bin auch nicht geduldig genug, jeden einzelnen Arbeitsschritt zu erklären und jeden Handgriff zu kontrollieren. Darum habe ich entsprechende Anfragen fast immer abgelehnt.

Aber dieser Kerl war hartnäckig wie kein zweiter. Er hätte schon etliche Male geschrieben und auch angerufen, meinte er, nur um sich jedes Mal eine Abfuhr einzuhandeln: „Danke für das Interesse, aber ich habe keinen Bedarf.“

Und jetzt steht dieser junge Student trotzdem vor mir und bittet mich und meine Frau inständig, ihn aufzunehmen.

„Bei mir gibt es aber keine Sonn- oder Feiertage und gearbeitet wird bei uns am Hof von früh bis spät!“, habe ich etwas dicker aufgetragen. Auch damit konnte ich ihn nicht verscheuchen. Er nickte nur und meinte, dass er einige Monate bleiben wolle.

Ich wollte ihn trotzdem wegschicken, aber Vroni meinte, dass sie den jungen Kerl irgendwie nett fände: „Der ist anständig, das sehe ich.“ Also haben wir doch noch eine Probezeit vereinbart. Würde er die überstehen, könne er meinetwegen auch länger bleiben.

Um ihn auf die Probe zu stellen, habe ich ihn gleich zu Beginn für schwere Arbeit eingespannt: „Wir gehen zäunen!“

Und hol‘ mich der Teufel, hat der Kerl schnell gelernt! Da habe ich mir gedacht:

„Der ist geschickt, den kriege ich schon hin. Mit dem werde ich schon zurechtkommen.“

Und tatsächlich: Er war sehr tüchtig und wir haben uns wunderbar verstanden. Er ist dann den ganzen Sommer und bis in den Herbst hinein am Hof geblieben.

Meistens allein und in teils sehr steilem Gelände hat dieser junge Mann fast alle meine Zirben-Bäumchen gesetzt. Er hat das auch wirklich gut gemacht – tadellos, mit Pflock und allem. Genau so, wie ich es ihm gezeigt hatte: „Sauber!“

Im Herbst war er mit den Pflanzungen fertig und wartete darauf, abgeholt zu werden. Eines Tages – wir sitzen gerade beim Essen in der Küche – geht die Tür auf und eine Frau kommt herein. Sie fragte nach ihrem Sohn. Mein Praktikant stand auf, um die Dame zu umarmen. Sie erschrak fürchterlich und wich zurück. Dann rief sie erstaunt: „Ja, wie siehst du denn aus? Ich hätte beinahe meinen Buben nicht erkannt!“

Der junge Mann war nämlich ein ziemlicher *„Riegel“* geworden – stark und breit von der

Arbeit am Berg. Bei der Verabschiedung habe ich ihn noch gefragt, wie er eigentlich auf mich gestoßen sei.

„Ganz einfach: Ich habe gehört, dass du ein *Menschenfresser* bist. Und das hat mich neugierig gemacht."

„Wie bitte? Ich? Ein *Menschenfresser*!? Und das sagst du mir jetzt ins Gesicht!?"

„Ja," grinste er. Alle, mit denen er über mich gesprochen hatte, seien sich einig gewesen:

„Der Sepp Holzer, das ist ein Menschenfresser!"

Aber von sowas habe er sich nicht aufhalten lassen, lachte er: „Ich war mir sicher, dass ich mit diesem *Menschenfresser* schon zurechtkommen werde. Und so war's dann ja auch, nicht wahr?"

Die Bäume, die der tüchtige Bursch gepflanzt hat, sind fast alle gut angewachsen und ich war sehr zufrieden mit dem Ergebnis.

Dann aber – *Ojeoje!* – Rehböcke! Überall haben sie gefegt! Am wildesten entlang der Wege, ausgerechnet dort, wo ich mir schon eine schöne Zirben-Allee ausgemalt hatte, war der Schaden besonders groß.

Die kleinen Bäume waren blitzblank gefegt und die Pflöcke, die sie eigentlich schützen sollten, lagen daneben! Im darauffolgenden Winter waren obendrein auch noch Verbissschäden zu beklagen. Offenbar hatten sowohl die Rehe als auch das Rotwild eine Riesenfreude mit dieser „Delikatesse". Was also tun?

Teichlandschaft mit Zirben am Krameterhof heute *© Marcus Auer*

Das Fegen

Durch das Fegen wird das jährlich frisch entwickelte Geweih vom Bast befreit. Zum Abreiben der absterbenden Basthaut suchen sich die Tiere eine ihrer Stärke entsprechenden Pflanze aus – das kann ein kleines Bäumchen oder ein armstarker Baum sein. Anhand der Auswahl der Pflanze und der Höhe, bis zu der das Tier gefegt hat, lässt sich ungefähr abschätzen, wie groß es war.

Die Tiere markieren auf diese Weise auch ihr Revier, das im Frühling neu besetzt oder verteidigt wird. Die Hauptzeit der Revierkonkurrenz ist – je nach Höhenlage – im März und April, manchmal dauert das Fegen jedoch auch bis Mitte Juni. Danach nimmt es stark ab. Die Markierung erfolgt geruchlich über Drüsen bei den Rosenstöcken (Geweihansatz) der Böcke, den Lichtern (Augen) und auf den Wangen.

Besonders beliebt sind biegsame, widerstandsfähige Pflanzenteile, die den Tieren leicht zugänglich sind. Betroffen sind vor allem Laubholzarten, in höheren Regionen werden aber auch sehr gerne Lärchen oder Zirben gefegt.

Da Rehe für ihre Reviergrenzen gerne offensichtliche Grenzen, wie Feld- oder Waldränder, Hecken und Wege auswählen, werden Randbäume besonders gerne gefegt. Gruppenpflanzung reduziert das Ausfallsrisiko jedoch enorm, da, wenn überhaupt, meist nur ein Baum pro Gruppe gefegt wird. Übrigens: Den fegenden Bock zu erlegen, ist keine Lösung, da das Revier umgehend von einem neuen Bock übernommen wird. Naturgemäß muss der junge Bock sein Revier in der Anfangszeit sogar stärker markieren bzw. verteidigen als sein bereits allseits „bekannter“ Vorgänger.

Zirben werden aufgrund ihrer Elastizität und ätherischen Öle sehr gerne gefegt. © Josef Holzer

Schließlich bin ich dahintergekommen, wie ich die Fege- und Verbissschäden bei meinen Bäumchen in den Griff bekomme. Aus der Sicht des Wildes waren das Leckerbissen auf einem Präsentierteller: mehr oder weniger alleinstehende, schön ausgemähte Bäume mit Pflock. Genau das war der Fehler, denn die Tiere – egal ob Reh oder Hirsch – sind ungemein neugierig. Wenn sie etwas sehen, das sie nicht kennen, gehen sie hin und probieren – so wie wir Menschen das auch tun. Und wie bei unserer Art auch, ist alles Neue, Ungewohnte und Seltene ganz besonders interessant – und wird gekostet, zumindest ein bisschen.

Wenn aber alle Tiere, die vorbeikommen, daran knabbern, wird das junge Bäumchen bald kaputt sein.

Der größte Fehler war, Zirben-Alleen an den Reviergrenzen der Rehböcke zu pflanzen. Die Tiere mussten das geradezu als Einladung verstehen, genau dort ihr Territorium zu markieren.

Obendrein hatte ich ihnen Pflanzen hingestellt, die ihr Geweih durch das Fegen herrlich duften ließ!

Das Problem war also nicht das Wild, sondern, dass ich mich nicht schon viel eher in das Wild hineinversetzt hatte. Sonst wäre mir sofort aufgefallen, dass ich in Gruppen und zudem eine Vielfalt pflanzen und säen muss!

Vielfalt schützt den Einzelnen. Also habe ich rund um meine Zirben-Bäumchen verschiedene Pflanzen ausgesät und gepflanzt – wild durcheinander. Meine Idee war es, dass mehr Bewuchs dazu führen würde, die bis dahin alleinstehenden Bäumchen weniger attraktiv zu machen. Tatsächlich hat das auch wunderbar funktioniert. Der Verbiss-Druck hat bald nachgelassen – nicht nur bei den Zirben, auch bei meinen Apfel-, Birn- und Kirschbäumen. So war ich fortan immer mit verschiedenen Samen in der Tasche unterwegs. Ich habe überall am Hof gesät, damit eine Pflanzenvielfalt aufkommt, die sich gegenseitig schützt und fördert.

Meine Zirben- und Obstbäume sind in dem nur scheinbar wilden Durcheinander schön gewachsen. Wenn dann das eine oder andere im Weg war oder einfach zu groß geworden war, habe ich es einfach umgeschnitten.
Freilich gab es ab und an noch immer Fege- und auch Verbiss-Schäden, aber dank dieses bunten Miteinanders waren sie praktisch nicht mehr der Rede wert.

Abbildung 3: Die weit verzweigten Wurzeln ermöglichen es der Zirbe, Wasser und Nährstoffe effizient aus dem Boden aufzunehmen und so in den extremen Höhenlagen zu überleben, in denen sie wächst.

Quelle: Kutschera/Lichtenegger: Wurzelatlas mitteleuropäischer Waldbäume und Sträucher, 3. Auflage, Leopold Stocker Verlag, 2023, Seite 191

GUTER RAT IST TEUER VON SEPP HOLZER

Dass ausgerechnet ich, ein Bergbauer aus dem Lungau, einmal alle Kontinente bereisen würde, um Vorträge zu halten und Beratungen zu machen, hätte ich mir niemals träumen lassen. Und selbst heute, nach ich-weiß-nicht-wie-vielen Reisen und unzähligen Projekten, in die ich involviert war, fällt es mir schwer zu glauben, dass sich das alles in nur einem Leben abgespielt haben soll. Wie ist es dazu gekommen?

In gewisser Weise bin ich schon als Kind in die Rolle des Beraters geschlüpft. Mein erster zahlender Klient war mein eigener Vater.

Er hatte Streit und Ärger mit einem Holzhändler, der in betrügerischer Absicht Holz weggefahren hatte, ohne es davor an Ort und Stelle zu vermessen. Dann hatte mein Vater auch noch das Pech, mit dem Fahrrad einen Unfall mit Personenschaden zu verursachen – auch das ist ihm teuer zu stehen gekommen und hatte ein juristisches Nachspiel. Jedenfalls musste er wegen solcher Angelegenheiten des Öfteren runter ins Tal, um sich mit einem Anwalt zu bereden.

Mit ihm ist mein Vater aber nicht zurechtgekommen. „Der Anwalt ist ein Trottel!", hat er geschimpft. „Die Hälfte von dem, was der daherredet, versteh' ich nicht."

Beim nächsten Mal solle ich mitkommen, habe der Anwalt in Tamsweg vorgeschlagen: „Ich kenne deinen Buben. Der ist recht geschickt und kann sich die Dinge gut merken. Besser, du nimmst ihn mit, wenn du wieder zu mir kommst. Und wenn du dann wieder einmal vergessen solltest, was wir besprochen haben, fragst du ihn."

So kam es, dass ich fortan immer dabei war und genau zugehört habe, wenn der Anwalt meinen Vater in verschiedenen Angelegenheiten beraten hat. Dabei habe ich eine Menge gelernt und das ist dann nicht nur meinem Vater, sondern der ganzen Familie zugutegekommen.

Diese neue Rolle als Berater habe ich natürlich für mich genutzt. Wenn also mein Vater mich wieder einmal in die Anwaltskanzlei mitnehmen wollte, habe ich zum Beispiel gesagt: „Nein, heute komme ich nicht mit. Außer, ich bekomm dafür ein Hendl von dir."

Auf diese Weise bin ich nach und nach zu ein paar Hühnern, einem Schaf und kleineren Flecken „Grund" gekommen, die ich von meinem Vater „pachten" konnte. Denn: „Wer Tiere hat, braucht auch Futter", habe ich selbstbewusst erklärt.

Im Nachhinein betrachtet, muss ich meinem Vater hoch anrechnen, dass er sich auf dieses Spiel eingelassen hat, denn das hat mich ungeheuer motiviert. Mit der Zeit ist mein *Besitzstand* immer größer geworden und ich habe allen stolz gezeigt, was bei *mir* alles wächst.

Glückliche Mitarbeiter – unsere Southdownschafe *© Josef Holzer*

Nachdem ich den Hof übernommen hatte, sind immer mehr Leute auf mich zugekommen und haben gefragt, ob ich auch ihnen helfen könnte – denn es hatte sich herumgesprochen, dass ich mich im Umgang mit den Behörden recht geschickt angestellt hatte.

Damals hatte kaum jemand gewusst, wie man vor Gericht oder einem Amt auftritt und wie man dort als einfacher Bürger zu seinem Recht kommt. Jedenfalls habe ich allen, die danach gefragt haben, so gut ich konnte, geholfen. Schließlich wurde ich sogar gebeten, als Vertreter der Bauern in die Bauernkammer zu gehen.

So bin ich also Kammerrat geworden – ganze 15 Jahre lang habe ich das gemacht. Das war eine zusätzliche Belastung für mich. Nicht nur, weil ich regelmäßig zu Sitzungen in die Stadt musste, sondern auch, weil mich die Bauern mit ihren Problemen regelrecht überhäuft haben: Der eine hatte ein Problem mit seinem Almweg, der nächste eines mit der Wasserrechtsbehörde oder den Bundesforsten.

Für mich persönlich waren das sehr schwierige und belastende Zeiten. Ein ganzes Buch könnte ich über diese Jahre als Kammerrat füllen. Ständig hatte ich mit Streitigkeiten und Behörden–Irrsinn zu tun.

Die Bauern haben untereinander, aber auch mit der Kammer selbst, viel gestritten, vor allem dann, wenn es um Kreditvergaben ging, also um die Bewilligung sogenannter Agrarinvestitionskredite – kurz AIKs. Da sind regelmäßig die Fetzen geflogen! *Bumm!* Aber wie! Meine Aufgabe war es dann, zu schlichten und eine gütliche Lösung zu finden mit der alle leben konnten. Das ist aber weiß Gott nicht immer leicht gewesen und hat mir viele schlaflose Nächte bereitet.

Zu mir sind alle gekommen – Sozialisten, Schwarze und Freiheitliche – manche freilich erst spätnachts, damit die Nachbarn sie nicht als Parteifunktionäre erkennen und tuscheln würden. Meistens hatte der späte Besuch stapelweise Unterlagen, Stellungnahmen und Gutachten mitgebracht. Die Arbeit ist nie weniger geworden. War ein Fall endlich abgeschlossen, lag schon der nächste am Tisch.

Jahrelang habe ich mich für die Bauern in meiner Gegend eingesetzt und – ausgestattet mit einer Vollmacht – musste ich sie oft auch vor Gericht vertreten. Irgendwann ist es mir aber einfach zu viel geworden. Die Mehrfachbelastung hat meiner Gesundheit zugesetzt und ich habe die Arbeit als ehrenamtlicher Bauernvertreter endgültig niedergelegt.

Berater bin ich aber mein Leben lang geblieben. Als solcher habe ich sehr viele Länder auf allen Kontinenten bereist und dabei unglaublich vieles erlebt. Nicht nur Gutes, manches war auch schockierend: Ich habe das unwürdige Elend der Slums gesehen. Kinder, die vom und im Müll leben müssen – und dort auch sterben. Und ich habe den Protz der Reichen gesehen, die die Welt nur aus dem Helikopter sehen und sich hinter hohen Mauern mit Stacheldraht verstecken, aus Angst, dass sie überfallen oder entführt werden.

Dass das alles ausgerechnet mir, einem Bergbauernkind aus dem Lungau, passierte, ist eine Unwahrscheinlichkeit, die mir heute noch zu denken gibt.

Dass es so gekommen ist, habe ich einem Beinahe-Kollaps und einer existenzgefährdenden Gemeinheit zu verdanken. Man hat mich aus Neid und Missgunst aus *der Bahn geworfen.* Zum Glück!

SONDERSTEUER? SO EIN GLÜCK! VON SEPP HOLZER

Mit meiner Frau Vroni habe ich seit 1966 den Hof bewirtschaftet. Nach und nach haben wir die geerbten Schulden zurückzahlen können und den Hof wieder zu seiner alten Größe zurückgeführt. Denn leider waren im Zuge der Hofübernahme einige Grundstücke veräußert worden. Die habe ich nacheinander zurückgekauft und später ist es uns sogar gelungen, den Besitz zu erweitern. Möglich geworden ist das alles durch Fleiß und ein gutes Gespür für Nischen – das richtige Geschäft zur richtigen Zeit. Und ein klein wenig Glück schadet natürlich auch nicht.

Solange ich zurückdenken kann, haben mich Pflanzen und Tiere begeistert, wollte ich ein Bauer sein. Von klein auf hat mich mein Interesse an diesem schönen Beruf zu immer neuen Wegen und Ideen geführt. Als Bub habe ich mir in meinen kleinen Pflanzgärten auf spielerische Weise kleine Erfolge und Bestätigungen erarbeitet. Die haben mich ungemein motiviert und mich darin bestärkt, meinem Instinkt zu folgen und meinen eigenen Weg zu gehen. Was die Leute sagen, hat mich nie gekümmert – ihre Bestätigung war für mich nicht wichtig. Im Gegenteil: Oft haben mich Widerstände sogar noch mehr angespornt.

Nach der Hofübernahme sollte ein neuer Wind am Krameterhof wehen! Schluss mit unnötiger Schinderei! Ich wollte die Natur für mich arbeiten lassen und bisher ungenutzte Potenziale des Hofes ausschöpfen. Von nun an würde ich mich mit Dingen beschäftigen, die mich interessierten und die mir Spaß machten: Fischzucht, Pilzzucht, Imkerei und noch viel mehr.

Ein Bauer zu sein, muss Freude machen, dann fällt einem die oft harte Arbeit längst nicht so

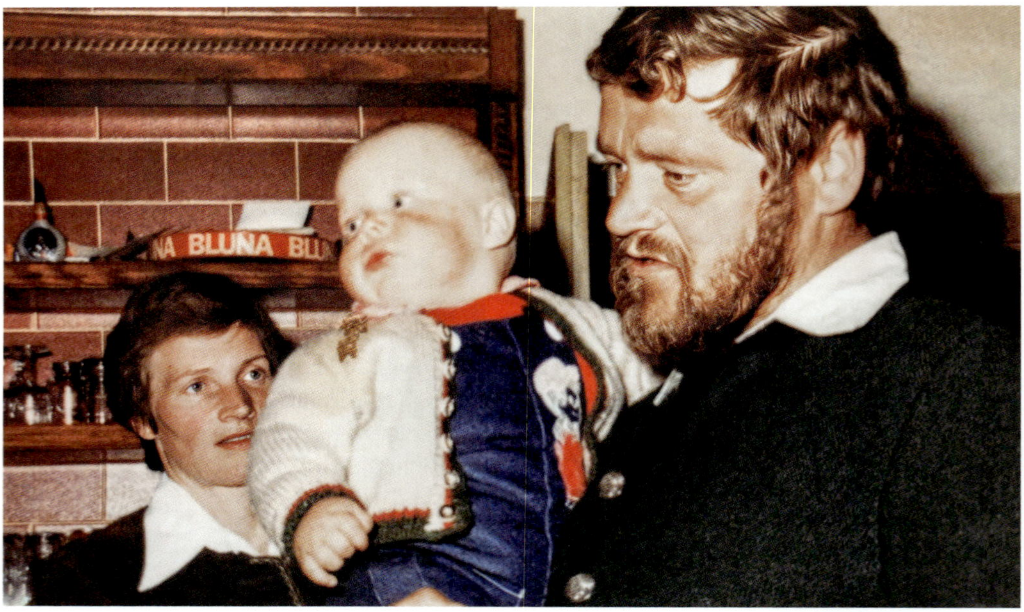

Familienglück: Sepp, Vroni und Josef A. Holzer © Josef Holzer

schwer. Am Abend ist man zwar hundemüde, aber gleichzeitig auch glücklich und zufrieden über das, was man geschafft hat.

Einer der ersten, richtig erfolgreichen Betriebszweige am Krameterhof war die Teichwirtschaft. Ich hatte ja eine entsprechende Ausbildung am Mondsee absolviert und danach sofort damit begonnen, die ersten Teiche am Krameterhof anzulegen.

Zu Beginn haben mich alle für verrückt erklärt: „Teiche? Am Berg? Ist der narrisch? Der spinnt doch komplett!"

Dann aber haben sie gesehen, wie gut meine Teiche funktionierten und waren begeistert. Die Teichwirtschaft war jedenfalls ein voller Erfolg und wir konnten uns vor Kunden kaum retten. Mein Vorteil: Weit und breit gab es keine Konkurrenz.

Bald haben wir auch eine *Jausenstation* am Hof eröffnet und die Fische für unsere Gäste an Ort und Stelle zubereitet. Auch das wurde ein Bombenerfolg.

Gleichzeitig habe ich die ersten Gatter für Dam- und Rotwild errichtet, denn auch das Wild war schon immer eine Leidenschaft von mir. Mit diesen Tieren konnte ich Bereiche meines Hofes nutzen, die für „normale Tierhaltung" unbrauchbar waren. Zudem eignete sich das Wild wunderbar, meine Teichanlagen zu beweiden und zu pflegen.

Weil immer mehr Menschen unseren Hof als Ausflugsziel nutzten, entstand nach und nach ein richtiger Wildtierpark – mit Steinbock, Bison, Eule, Auerhahn, sogar Bär. Einige Jahre lang, ab 1969, hatten wir also nicht nur die Landwirtschaft zu versorgen, sondern gleichzeitig auch den Wildpark, die Fischzucht, die Jausenstation und obendrein eine Pension samt Gasthaus. Der Zulauf war enorm. Wir hatten so viel zu tun, dass wir die meiste Zeit kaum noch hinterhergekommen sind. Im Rückblick war das ein Wahnsinn.

Manche meinten, dass ich den Erfolg genießen und mich nun ein wenig ausruhen sollte, aber so bin ich nicht gestrickt. Ich bin in einer Zeit des Mangels aufgewachsen und hatte mich für einen eigenständigen Weg entschieden. Erst bin ich wegen meiner Ideen und Sturheit ausgelacht worden, aber jetzt, nur ein paar Jahre später, lief der Betrieb. Ich konnte nicht nur die Schulden begleichen, sondern sogar kräftig investieren und Grundstücke zukaufen. Ich war jung, meine Pläne waren bis dahin alle aufgegangen und ich wollte natürlich mehr. Warum auch nicht? Wer oder was sollte mich aufhalten?

Wie man sich denken kann, ging das nicht lange gut. Schwer angeschlagen, musste ich mehrmals ins Krankenhaus. Die Überbelastung hatte zu einem Herzinfarkt geführt und der Doktor meinte, dass ich mich von nun an „eingrenzen" müsse.

Sepp Holzer: „Die Arbeit mit Wildtieren war immer eine Leidenschaft von mir." © Josef Holzer

Sepp Holzer: „Nach und nach entstand ein Wildtierpark." © *Josef Holzer*

Und dann kam auch noch die Gemeinde mit einer ungeheuren Forderung auf mich zu: Die Gemeindevertretung hatte einstimmig beschlossen, dass ich eine *Sondersteuer* zu entrichten hätte: Zehn Prozent vom Umsatz wollten sie haben! Warum? Um mich für meinen Erfolg zu bestrafen, soviel war mir klar. Den Alteingesessenen sollte nur ja niemand „über den Kopf wachsen"!

Ich denke, dass es vor allem den größeren Bauern und Herrschaften im Ort ein Dorn im Auge war, dass ich als junger Bursch auf so einem kleinen Bergbauernhof so viel erfolgreicher war als sie selbst. Das haben manche nicht verkraftet.

Jedenfalls habe ich umgehend gegen diesen Beschluss berufen – und bin abgeblitzt. Die Rechtsauskunft war eindeutig: Es handle sich um eine sogenannte *„Kann-Bestimmung"* der Gemeinde. Das bedeutet, dass sie eine solche Sondersteuer nicht einheben *muss*, sehr wohl aber *kann*.

Dieser Beschluss machte mich rasend vor Wut: „Verflucht, das kann doch nicht wahr sein!" Ich hatte damals viel Stress und praktisch Tag und Nacht gearbeitet – so viel, dass meine Gesundheit schon darunter litt. Ich konnte nicht hinnehmen, dass mir mein hart verdienter Gewinn durch eine derartige Ungerechtigkeit einfach abgenommen werden sollte. Wenn man solchen Gangster-Methoden ausgeliefert ist, verliert man die Lust am Geschäft – man sieht den Sinn hinter der Schinderei nicht mehr. Heute denke ich, dass ich damals kurz vor einem „Burnout" war, wie man heute dazu sagen würde.

Zum Glück ist es anders gekommen: Ich habe nicht mit einem Zusammenbruch, sondern mit Wut und Trotz reagiert.

Ich bin zum Bürgermeister gegangen und habe ihm gesagt: „Wenn ihr den Beschluss nicht sofort zurücknehmt, sperr' ich alles zu: Den Wildpark, die Jausenstation und das Gasthaus. Alles. Aus. Schluss!"

Ich werde nie vergessen, wie der Bürgermeister daraufhin ruhig lächelnd zu mir gesagt hat: „Aus einem fahrenden Zug springt selten einer ab, Sepp. Der Pfarrer meinte letztens, dass er nur ein einziges Mal bei einer Fronleichnam-Prozession so viele Kirchgänger sehen möchte, wie du jeden Tag Besucher hast. Ich glaube, dein Geschäft läuft gut. Du wirst schon zahlen."

Also habe ich gehandelt: Als erstes haben wir das Gasthaus zugesperrt und bald darauf auch den Wildpark.

Rückblickend kann ich sagen: Die Androhung der Sondersteuer kam genau zum richtigen Zeitpunkt und war letztlich ein echter Glücksfall für meine Familie und für meine Gesundheit. Es hat eine „Sondersteuer" gebraucht, um mir die Augen zu öffnen.

In der Folge mussten meine Frau und ich den Betrieb umstellen. Die Einnahmen waren anfangs zwar wesentlich geringer, dafür war die Lebensqualität ungleich höher.

Ich habe mich erholt, war bald wieder ganz fit – ja, geradezu beflügelt!

Die Teichwirtschaft, die Wildgehege, unsere kleine Pension und die „landwirtschaftlichen Spezialkulturen" glichen die Einkommensverluste bald wieder aus. Ich hatte wieder Spaß an der Arbeit und endlich gab es wieder genügend Raum für neue Ideen.

Und die kamen zum Beispiel in Form von neugierigen Studenten, die am Krameterhof etwas Praktisches lernen wollten. Sie haben dem, was ich im Laufe der Jahre am Krameterhof aufgebaut hatte, einen mir bis dahin völlig unbekannten Namen gegeben:

„Das ist ja unglaublich, was ihr da geschaffen habt! Sepp, das hier ist eine *Permakultur*!"

„Eine was?"

Vroni und Sepp auf ihrem Hof im Burgenland

© Marcus Auer

An dieser Stelle möchte ich etwas über meine Frau Vroni sagen.

So wie es gekommen ist, war das bestimmt nur mit Vroni möglich. Dass ich ihr begegnet bin, war ein Glücksfall! Ich war 24, als ich sie kennenlernte. Schon ein halbes Jahr später haben wir geheiratet. Das war im April und im Oktober ist unsere erste Tochter, Marietta, zur Welt gekommen. Es folgten Heidi, Claudia und Josef.

Vroni ist ein sehr bescheidener Mensch, gescheit und unglaublich fleißig. Eine Frau, die praktisch alles kann. Und was sie nicht kann, das lernt sie im Nu! Jede Arbeit, wirklich jede, die ich gemacht habe, hat sie auch gemacht und das ist heute noch so.

Hätte ich Vroni nicht kennengelernt, ich hätte es nie so weit gebracht im Leben. Unmöglich.

Der Anbau von Speisepilzen war in den 1970er und 1980er Jahren ein wichtiger Betriebszweig am Krameterhof.

EIN TROPFEN FÜR DEN OZEAN VON SEPP HOLZER

Das Kapitel Wildpark, Jausenstation und Gasthaus war endgültig abgeschlossen und ich hatte wieder viel mehr Zeit, mich um meinen Hof, meine Gärten und Kulturen zu kümmern. Ein wahrer Segen war das. Aus den Pflanzgärten wurde mit der Zeit eine kleine Baumschule und wir experimentierten sehr erfolgreich mit Pilzen und Kompost. Gleichzeitig wurden die Teichanlagen immer vielfältiger: Ich züchtete jetzt nicht nur Fische, sondern auch Teichpflanzen, Krebse und Wasserschnecken.

Alles lief wunderbar und entwickelte sich prächtig. Der Krameterhof lockte immer mehr naturinteressierte Menschen an, die sehen wollten, wie er funktioniert. Studierende fragten an, ob sie nicht ein Praktikum bei mir machen könnten. Das hat ein paar Mal wunderbar funktioniert, des Öfteren habe ich es aber auch recht bereut.

Zurück an der Uni haben sie von meinem Krameterhof erzählt und eines Tages – Anfang der 1990er Jahre – stand dann eine Handvoll Professoren aus Wien vor der Tür. Sie hatten sich mit einer Gruppe von Studierenden angemeldet und wollten sich den Krameterhof genauer ansehen.

An diesem Tag habe ich viele interessante Menschen kennengelernt. Einer davon war Professor Dr. Bernd Lötsch, mit dem ich seither freundschaftlich verbunden bin.

Einen ganzen Tag lang waren wir gemeinsam unterwegs – es wurde viel gefragt und diskutiert.

Nach der Führung waren alle komplett begeistert von dem, was sie gesehen hatten und Professor Lötsch meinte zu mir: „Das hier muss man unbedingt einem breiteren Publikum zugänglich machen!“ Er schlug vor, Seminare mit Studierenden am Krameterhof abzuhalten. Ich solle ihnen erklären, was ich hier mache und wie ich arbeite. Das hat mich einigermaßen eingeschüchtert. Zwar hatte ich immer wieder Besuchern den Hof, unsere Gärten und Experimente gezeigt, aber ich war ja kein Professor!

„Ihr Akademiker überfordert mich. Da fühle ich mich nicht wohl.“

Nein, ich solle keine Angst haben, er selbst oder andere Kollegen wären ja auch dabei. Aber ich müsse auf jeden Fall selbst über den Hof führen, vortragen und von meiner Arbeitsweise erzählen.

„Was kann ich euren Studenten schon erzählen, was sie nicht ohnehin schon wissen und gehört haben?“, fragte ich Bernd Lötsch.

Prof. Dr. Bernd Lötsch am Krameterhof

„Sepp, das schätzt du falsch ein: Du bist Praktiker, sprichst aus Erfahrung und bist gerade deshalb ideal geeignet, Zusammenhänge zu erklären!" Also willigte ich schließlich doch ein.

Die erste Gruppe – weitere sollten folgen – hat auch gleich alle möglichen Untersuchungen am Hof angestellt und Proben entnommen – vor allem Wasser- und Bodenproben. Dem Besuch bei der Arbeit zuzusehen, fand ich hochinteressant. Besonders gut habe ich mich mit einem Experten für Pflanzenphysiologie verstanden – Prof. Dr. Walter Url, der 2021 leider verstorben ist. Mit ihm habe ich mich lange und intensiv über meine Versuche ausgetauscht und auch er hat gemeint: „Das müssen mehr Menschen sehen. Das wäre so wichtig!"

„Aber meine Experimente und Kulturen können doch nichts Neues für euch sein?" Ich konnte mir einfach nicht vorstellen, dass sie so etwas noch nicht gesehen hätten.

„Sepp, allein das, was du uns in ein paar Stunden gezeigt hast, ist in Wahrheit so viel, dass das kaum ein Student begreifen kann – zumindest nicht auf Anhieb. Diese jungen Menschen sind schließlich noch in der Ausbildung. Außerdem hast Du auch eine völlig falsche Vorstellung davon, was und wie auf einer Universität gelehrt wird. Praktiker sind dort äußerst selten zu hören." Bernd Lötsch hat dann noch gemeint: „Was wir wissen, ist ein Tropfen, was wir nicht wissen, ein Ozean."

Und ich dachte nur: „Ja, was ist denn da los?"

Jedenfalls haben die Forschenden den ganzen Schwarzenberg untersucht. Nicht nur den Krameterhof, auch verschiedene Almen, Quellen, Moore und Waldflächen. Als sie damit fertig waren, blieb Dr. Lötsch mit Frau und Tochter noch ein paar Tage bei uns und hat mich überredet, noch weitere Seminare am Krameterhof anzubieten. In der Folge sind dann laufend Studentengruppen von Universitäten aus Österreich und Deutschland zu uns gekommen. Umgekehrt habe auch ich auf einigen Universitäten Vorträge über meine Form der Landwirtschaft gehalten. Nie hätte ich mir gedacht, dass meine Arbeit auf so großes Interesse stoßen würde. Niemals. Aus allen Ecken habe ich Zuschriften und Anfragen bekommen – stapelweise Post! Auch wenn es mir bald nicht mehr möglich war, die vielen Briefe zu beantworten, hat mich der Zuspruch doch sehr gefreut. Für mich war diese Wertschätzung eine Bestätigung, dass der eingeschlagene Weg – der Weg der *Permakultur*, wie ich mittlerweile erfahren hatte – der richtige für mich war und immer noch ist.

Prof. Dr. Walter Url am Krameterhof
© Josef Holzer

AUFWACHSEN AM KRAMETERHOF VON JOSEF A. HOLZER

Ich wuchs als Nachzügler mit drei älteren Schwestern am Krameterhof auf. Gespielt wurde fast ausschließlich im Freien, auf den Wiesen, Feldern oder im Wald und natürlich waren wir am Hof immer umgeben von Tieren. Wir Kinder mussten zwar mithelfen, hatten aber auch viel Freiraum und waren oft den ganzen Tag unauffindbar.

Ein weiterer wichtiger Aspekt, der meine Kindheit prägte, war das „Anderssein".

Mein Vater war bekannt als der „Spinner vom Berg". Er war kein „normaler" Bauer, sondern einer, der Dinge macht, die kein anderer macht. Man hat ihn gleichzeitig abgelehnt und trotzdem respektiert – für seine Erfolge oder zumindest für seinen Arbeitseifer und seine Unerschrockenheit. Nicht wenige haben ihn auch gefürchtet: „Bei dem brauchst du dich nicht spielen, der kennt sich aus und der lässt sich auch nichts gefallen".

Warum unsere Eltern für ihren Weg so kämpfen mussten, war für uns Kinder oft ein Rätsel. Heute, nachdem ich den Krameterhof selbst seit 14 Jahren führe, weiß ich: Die meisten Konfrontationen sucht man sich nicht aus.

Ich denke, meinem Vater ist es ähnlich ergangen, wenn auch in anderen Ausmaßen. Die gesellschaftlichen Normen und Vorstellungen waren damals einfach andere. In der Bauernschaft hat es schon gereicht, andere Dinge zu tun, um den Rest gegen sich aufzubringen. Für viele Bauern war die Tatsache, dass wir etwas anderes gemacht haben als sie, ein indirekter Angriff auf die eigene Arbeit. Jedenfalls wurden wir als „anders als die anderen" angesehen – als Außenseiter.

Für mich war das Aufwachsen am Hof eine wunderbare Möglichkeit, Erfahrungen zu sammeln und die Grundlagen der Landwirtschaft zu lernen. Nach meiner Schulzeit in Ramingstein und Tamsweg habe ich den Lungau für einige Zeit verlassen. Die Försterausbildung habe ich angestrebt, weil ich den Wald liebe und vielleicht gerade auch deshalb, weil mein Vater immer Probleme mit diesem Berufsstand hatte.

Insgeheim wollte ich vielleicht beweisen, dass es auch anders geht.

Es folgten viele Aus- und Weiterbildungen, Projektarbeiten und Reisen. Vor 18 Jahren machte ich mich dann als Berater selbständig und übernahm 2009 schließlich den elterlichen Betrieb. Heute lebe ich mit Regina und unseren beiden Töchtern Rosa und Frida am Krameterhof.

Erste Anbauerfahrungen © Josef Holzer

PERMAKULTUR IST KEINE GLAUBENSFRAGE VON JOSEF A. HOLZER

Permakultur. Ich muss zugeben, dass ich mit diesem Begriff, um den sich viele Mythen und Legenden ranken, immer wieder gehadert habe. Genährt werden diese oft abstrusen Vorstellungen von vagen Bildern bäuerlicher Tradition, von Natürlichkeit oder vom Idealisieren von Landwirtschaft. Dabei zeugen sie vor allem von einer mangelnden Auseinandersetzung mit Kulturlandschaft im Allgemeinen. Vieles in den zahlreichen Permakultur-Ratgebern erscheint Landwirten zurecht praxisfern, weltfremd, im schlimmsten Fall esoterisch. Dabei ist die Permakultur erklärterweise nicht spirituell. Sie wurde und wird allerdings im Zuge der „Spiritualisierung" von Teilen der alternativen Bewegung zunehmend so gedeutet, was sich unter anderem an der Gründung von „öko-spirituellen" Siedlungen zeigt.

Dabei ist Permakultur nach meiner Auffassung genau das Gegenteil von Esoterik: Sie beschäftigt sich mit der konkreten, belebten Welt und ihren Regeln, ist also praktisch angewandte Naturwissenschaft und kommt daher ganz ohne Glaubensfragen aus.

Permakultur steht für **perma**nent agri**culture**, also dauerhafte Landwirtschaft. Damit eine solche möglich ist und wir zu Lösungen kommen, die tatsächlich nachhaltig sind, ist es unbedingt erforderlich, sich tiefgehend mit Natur und Landschaft auseinanderzusetzen.

Ich denke, dass uns die Permakultur den Weg zu einer Zukunft weist, in der die Landwirtschaft nicht Teil des Problems, sondern Teil der Lösung ist.

Bill Mollison und Co-Autor Andreas Schindler in Tasmanien, 2009.
© Andreas Schindler

Keine Frage des Glaubens
Bill Mollison: *„Weil mir oft vorgeworfen wurde, dass mir diese Mischung aus Leichtgläubigkeit, Mystifizierung, modernem Mythos und Humbug fehle, die heute als New-Age-Spiritualität durchgeht: Dazu bekenne ich mich freudig schuldig. Unqualifizierter Glaube jedweder Art entmachtet das Individuum, da er Informationen einschränkt.*
Permakultur ist weder Biodynamik, noch beschäftigt sie sich mit Feen, Göttern, Elfen, dem Jenseits, Erscheinungen/Phänomenen, die nicht von jeder Person aus eigener Erfahrung oder mit eigenen Experimenten überprüfbar sind.
Wir Permakultur-Lehrer versuchen, jede Person zu befähigen durch praktische Modelle und angewandte Arbeit oder Daten, die auf überprüfbaren Untersuchungen basieren."
Bill Mollison (Travels in Dreams – An Autobiography, 1997)

VISIONÄRE EINER GEGENBEWEGUNG

Permakultur entstand nicht im luftleeren Raum, sondern baut auf den Ideen und der Arbeit einer ganzen Reihe an Vordenkern aus Wissenschaft und Praxis auf. Viele dieser Ansätze für ökologisch verträglichere Formen der Landbewirtschaftung sind als Reaktion auf die radikalen Veränderungen in der Landwirtschaft des 20. Jahrhunderts zu verstehen und begleiten diese von Anfang an. Dass viele Bauern erst heute etwas über Regenwürmer, Bodenleben und Fruchtfolgen lernen, liegt wohl an den politischen Wirren dieser Epoche und den traumatischen Zerrüttungen, die diese mit sich gebracht haben.

In der zweiten Hälfte des 19. Jahrhunderts und vor allem im 20. Jahrhundert änderte sich der Charakter der Kulturlandschaft wesentlich und rasant. Der Einsatz fossiler Energieträger und Mineraldünger verwandelte die bäuerliche Landwirtschaft in weiten Teilen der Erde radikal. Binnen weniger Jahrzehnte wurde vielerorts eine weitgehend auf Subsistenzwirtschaft ausgelegte Kultur von einer industriell wirtschaftenden verdrängt. Die landwirtschaftliche Produktionsmenge nahm um ein Vielfaches zu und die Landwirtschaft wurde in die Produktionsketten der Industriegesellschaft eingebunden.

Solange die Landwirtschaft auf Sonnenenergie angewiesen war, also viele tausend Jahre lang, war sie in Ökosysteme eingebettet.

Kunstdünger (Mineraldünger), chemische Pflanzenschutzmittel und von fossiler Energie angetriebene Maschinen erlaubten es den Landwirten des Industriezeitalters, sich weitgehend von biologischen Kreisläufen abzukoppeln. Und das hatte und hat unvorhergesehene und weitreichende Auswirkungen für den ganzen Planeten. Ab 1940 forcierten die USA ein Programm zur Züchtung von Hochleistungs- und Hochertragssorten, die ab den 1960er Jahren erfolgreich in damaligen Entwicklungsländern verbreitet wurden.

1968 wurde für diesen Prozess erstmals der Begriff „Grüne Revolution" geprägt. Aus damaliger Perspektive war Hunger in erster Linie das Resultat technischer Defizite. Mit Hilfe der „Grünen Revolution" sollten eine schnell wachsende Bevölkerung ernährt und gewaltsame Hunger-Revolten verhindert werden. Die Zahlen zeigen, dass diese Revolution tatsächlich die verheißene Situation des Überflusses schuf. Ein Erfolg, der allerdings mit einem hohen ökologischen Preis verbunden ist. Heute wissen wir, wie komplex Ökosysteme sind und wie empfindlich sie auf mechanische und chemische Eingriffe reagieren. Der Aufbau von Boden-Humus etwa ist ein Prozess, der mitunter Jahrtausende in Anspruch nimmt. Behandelt man den Boden falsch, löst sich dieses wertvolle Gut in kürzester Zeit sprichwörtlich in Luft auf. Kurzfristig mag es dank der „Grünen Revolution" gelungen sein, die Erträge massiv zu steigern, nachhaltig können diese aber nicht sein.

Ein wesentliches und besonders problematisches Werkzeug der Agrarindustrie ist der Einsatz chemischer Mittel. Der Verbrauch von Agrochemie im Landwirtschaftssektor nimmt seit den 1960er Jahren rasant zu. Wasserlöslicher Kunstdünger, Insektizide und Pestizide vergiften ganze Regionen, belasten das Wasser und machen Menschen wie Tiere krank.

Zudem führte die Industrialisierung der Landwirtschaft dazu, dass die ursprünglich reiche Vielfalt regionaler Anbauprodukte weitgehend verschwunden ist. Weil sich die Agrarindustrie auf die Erzeugung nur weniger Produkte beschränkt, haben wir in den letzten hundert Jahren geschätzte 75 % unserer Kulturpflanzen verloren – wenige Hochleistungssorten, die Jahr für Jahr zugekauft werden müssen, haben die althergebrachten Sorten, die die Menschen selbst vermehren konnten, aus dem Anbau verdrängt.

Die Anbaumethode der neuen Hochleistungssorten ist die Monokultur, die ihrem Wesen nach besonders anfällig gegenüber Schädlingen und Krankheiten ist. Monokultur meint, dass Jahr für Jahr auf demselben Feld nur eine einzige Frucht angebaut wird.

Ohne den Einsatz von Ackergiften und Mineraldüngern sind Monokulturen nicht denkbar. Diese sind unter anderem auch deshalb problematisch, weil sie Boden-Erosion befördern und kaum ein Wildtier in den eintönigen Feldern (und Wäldern) Futter und Lebensraum findet. Der bedrohliche Rückgang von Insekten und Vögeln geht unmittelbar auf diese Form der Landnutzung zurück.

Die ausschließlich auf Profit getrimmte, industrielle Methode führte auch zu erheblichen sozialen Verwerfungen, denn sie kommt mit viel weniger Personal aus, was zumindest in den westlichen Industrieländern rasch zu einem bis

Gutes Acker- und Weideland wird immer knapper: In den vergangenen 30 Jahren wurden auf rund 30 Prozent der weltweiten Landoberfläche Böden so geschädigt, dass sie ihre ökologischen und ökonomischen Funktionen nur noch vermindert oder gar nicht mehr erfüllen können. Dieses global auftretende Phänomen nennt man Bodendegradation. *© Josef Holzer*

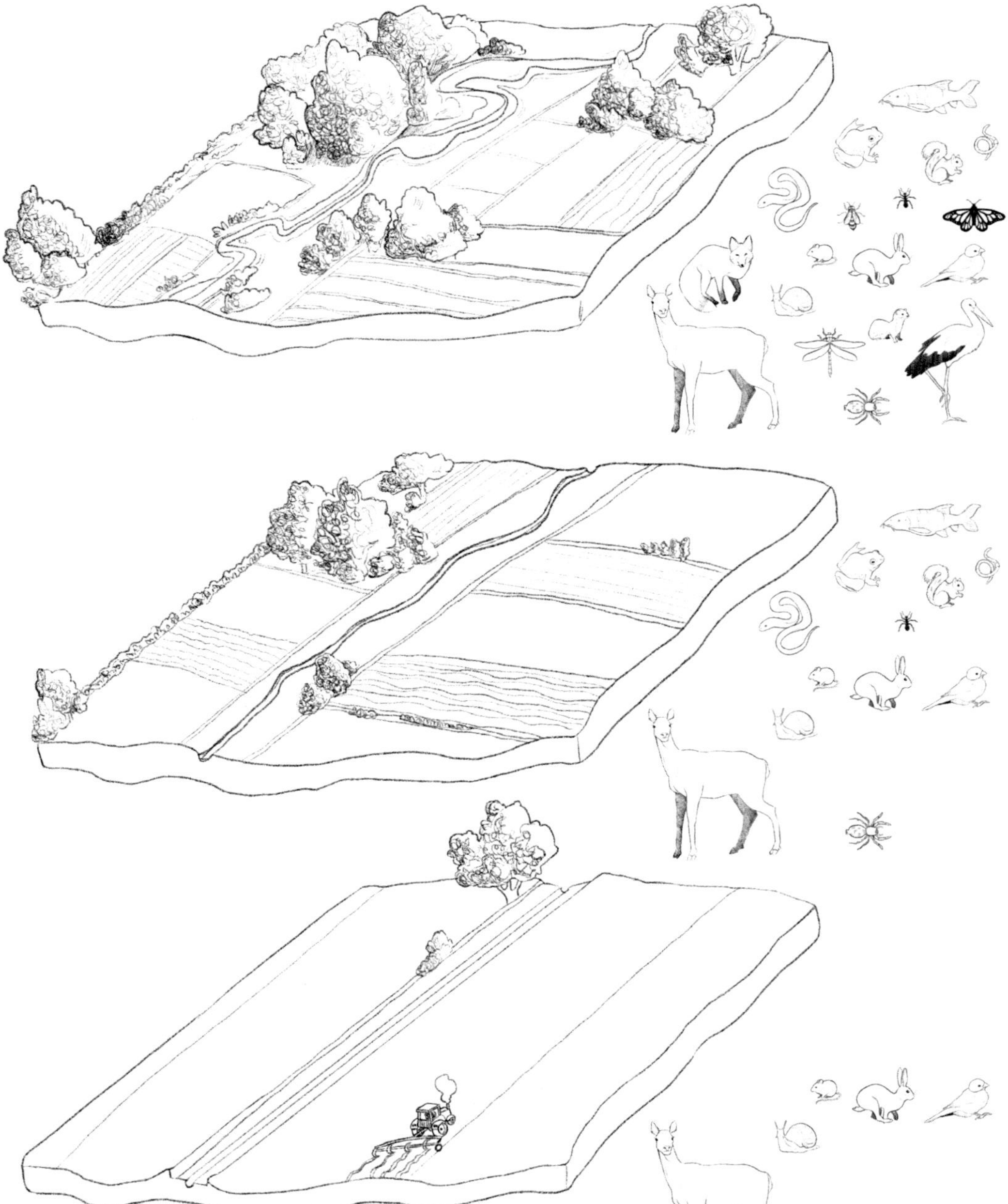

Abbildung 4: Die zunehmende Eintönigkeit der Agrarlandschaft ist einer der Hauptgründe für den enormen Verlust an Biodiversität. (Grafik: Werbeagentur Rypka)

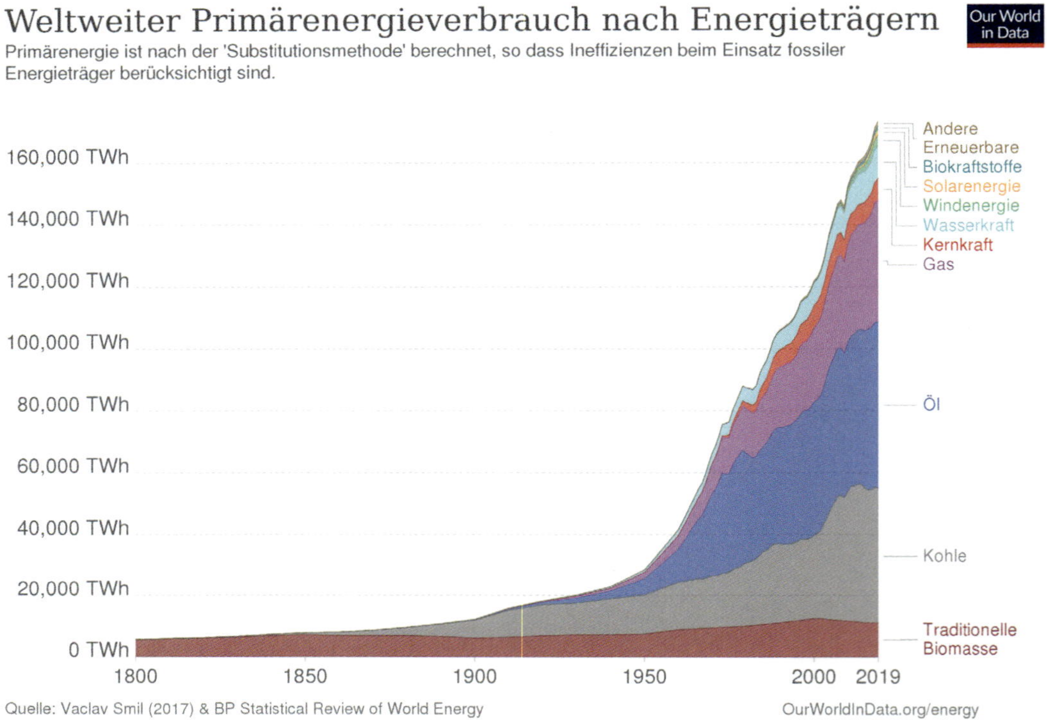

Abbildung 5: Globaler Energieverbrauch 1900 bis 2021: „Im 20. Jahrhundert hat die Menschheit zehnmal mehr Energie verbraucht als ihre Vorfahren während der tausend Jahre vor 1900. Zwischen 1890 und 1990 hat sich die Weltbevölkerung vervierfacht, der Wasserverbrauch verneunfacht und die Industrieproduktion ist um den Faktor 40 gestiegen."*
John R. McNeill (Blue Planet – Die Geschichte der Umwelt im 20. Jahrhundert, 2000).
*© ourworldindata.org *Quellen: Energy Institute Statistical Review of World Energy (2022); Energy Transitions: Global and National Perspectives, 2nd edition, Appendix A, Vaclav Smil (2017)*

Durch falsche Bewirtschaftung gehen weltweit jedes Jahr mehr als 24 Milliarden Tonnen Boden verloren. *Quelle: United Nations Convention to Combat Desertification; © Santiago Manuel De La Colina/Pexels*

heute andauernden *Bauernsterben* geführt hat. Heute sind die Höfe in Europa überwiegend von den Ideen und Anforderungen der Landwirtschaftsindustrie geprägt: Spezialisierung, fehlende Energie- und Nährstoffkreisläufe, Abhängigkeit von Importen und fehlende Ernährungssouveränität. All das gibt es erst seit wenigen Jahrzehnten und doch sind die Auswirkungen auf die Gesellschaft, die ursprünglich bäuerlich geprägten Kulturlandschaften und deren Ökologie und Ökonomie enorm.

Der Umwelthistoriker John R. McNeill schreibt dazu: *„Im 20. Jahrhundert wurden die Autonomie von Familien und Regionen herabgesetzt und die Bauern in ein System der Abhängigkeit von Banken, von Saatgutfirmen, Pflanzgenetik, Düngemittelherstellern, Weiterbildungszentren und Wasserwirtschaftlern verstrickt. Die Umwälzung der Landwirtschaft war der Versuch, die Natur zu zwingen, ihr Äußerstes zu geben und der Menschheit, oder zumindest einem Teil von ihr, in höchstem Maße dienstbar zu sein.“* (Blue Planet – Eine Umweltgeschichte des 20. Jahrhunderts, 2000)

Dass diese rasanten Umwälzungen auch enorme Probleme mit sich bringen, erkannten und artikulierten kritische Geister schon sehr bald. So entwickelten sich bereits in den Anfängen der Agrarindustrialisierung und parallel dazu Gegenbewegungen, die man rückblickend als die Ursprünge des Biolandbaus bezeichnen kann.

In Mitteleuropa ist die „alternative Landwirtschaft“ erst in den 1980er Jahren ins öffentliche Bewusstsein gerückt, die Ursprünge dieser Bewegung aber lagen schon damals mindestens 100 Jahre zurück. Aufgerüttelt durch die radikalen Veränderungen und angetrieben von einer kritischen Auseinandersetzung mit dem vorherrschenden Zeitgeist, warnten einige Visionäre schon früh vor den Folgeschäden dieser Entwicklungen und zeigten wegweisende Alternativen auf.

Im Folgenden werden Menschen vorgestellt, deren Leben und Wirken einen wesentlichen Einfluss auf die biologisch-organische Landwirtschaft und die Permakultur hatten und haben. Ihre Ideen und Gedanken waren darauf ausgerichtet, einen zukunftstauglichen Umgang mit der Welt zu finden.

Franklin Hiram King

© Wikipedia/Public Domain

Ein wichtiger Vordenker des Biolandbaus und der Permakultur ist der US-amerikanische Agrarwissenschaftler **Franklin Hiram King** (1848–1911), der in den USA auch als Vater der Bodenphysik gilt. King beschäftigte sich bereits im ausgehenden 19. und beginnenden 20. Jahrhundert unter anderem intensiv mit Bodenfruchtbarkeit, der Wasserhaltekapazität von Böden, dem Feuchtigkeitsbedarf von Pflanzen, mit Bodenluft, der Bewegung von Wasser in Böden, mit Grundwasser und Bodenbearbeitungstechniken.

Ausgedehnte Forschungsreisen führten King unter anderem nach Südostasien. Die teils Jahrtausende alten Kulturtechniken und äußerst gut durchdachten Anbausysteme, die er dort vorfand, beeindruckten den Wissenschaftler nachhaltig.

1911 erschien sein Buch *„Farmers of Forty Centuries“* (F. H. King, Madison, Wisconsin), das sich mit „organic farming“, also biologisch-organischer Kreislaufwirtschaft, in China, Korea und Japan beschäftigt.

King bezeichnet diese uralten und bewährten Systeme als *„permanent agriculture“*, also als dauerhafte, weil nachhaltige Landwirtschaft. Das erste *Permakulturbuch* ist noch heute ein Klassiker des Biolandbaus, vor allem deshalb, weil es die Aufmerksamkeit auf den Boden gelenkt hat, dorthin, wo Fruchtbarkeit entsteht und Wasser gespeichert werden kann.

Als Teil seiner Bemühungen, die Speicherung und Bewegung von Wasser im Boden zu verstehen, ging King völlig neue, moderne Wege und setzte den Grundwasserspiegel in direkten Bezug zu Topografie, Kulturführung, Transpiration, Entwässerungssystemen und Brunnen. Sein Ziel war es, herauszufinden, wie sich das Wasser in der Landschaft bewegt und welche Auswirkungen die Bodenbearbeitung und Bepflanzung auf den Wasserhaushalt haben. Wegweisend war auch seine Forschung zum Verhältnis zwischen Wind und Feuchtigkeitsverlust im Boden. King empfahl diesbezüglich – wiederum sehr modern – Windbremsen zu pflanzen und auf Bodenmulch und Streifenanbau (engl. *strip cropping*) zu setzen.

Streifenanbau

Unter Streifenanbau versteht man die Abfolge schmaler, bebauter und unbebauter Feldstreifen mit dem Ziel, Erosion durch Wasser und Wind zu verhindern bzw. zu mindern. Besonders in den Great Plains der USA, der großen, trockenen Ebene östlich der Rocky Mountains, wo Boden- und Winderosion zur Abtragung der fruchtbaren Humusschicht führen, ist diese Methode zum Bodenschutz heute noch sehr verbreitet. Beim Streifenanbau werden vor der Einsaat Streifen parallel zum Hangverlauf gepflügt *(engl. contour farming)*, oder bei flachen Feldern – wie in den Great Plains, wo starke Winde wehen – entgegen der Hauptwindrichtung, um Boden- oder Winderosion zu minimieren.

King wollte seine Zeitgenossen auf die Verletzlichkeit des Bodens aufmerksam machen. Um sein Wissen über Böden auch an eine breitere Öffentlichkeit, insbesondere an Landwirte, weiterzugeben, schrieb er während seines gesamten Forscherlebens zahlreiche Artikel für landwirtschaftliche Zeitschriften und Zeitungen.

In seinen Texten empfahl er Landwirten dringend, Ernterückstände auf den Feldern zu belassen, damit die Bodenlebewesen diese in das Erdreich einarbeiten und so gleichzeitig den Boden belüften können. Da er sein Hauptinteresse auf die Bodenfruchtbarkeit und deren Erhalt bzw. Verbesserung gerichtet hatte, wusste er, wie entscheidend die Tätigkeit und Versorgung der Bodenlebewesen ist.

King war einer der Ersten, der den Einfluss von komplexen Umweltfaktoren auf den landwirtschaftlichen Ertrag wissenschaftlich beschrieb: Topografie, Hydrologie, Bodenphysik, Wind, Wurzelsystem, Bodenbearbeitung und -versorgung haben allesamt Einfluss auf den Ernteerfolg. Will man nachhaltig erfolgreich Landwirtschaft betreiben, müssen diese Faktoren zusammengedacht und aufeinander abgestimmt werden, lehrte King, der zurecht als Ahnherr der Permakultur bezeichnet werden kann. Sein kritischer, wissenschaftlich-neugieriger Geist konzentrierte sich auf das Wesentliche: den Boden und die Frage, wie wir ihn nachhaltig nutzen können, ohne ihn zu zerstören.

King galt schon zu seinen Lebzeiten als bedeutender Wissenschaftler – ein Ruf, der im Laufe der Zeit nicht verblasste, denn seine Schlussfolgerungen und Empfehlungen haben den Test der Zeit bestanden.

Streifenanbau in Wisconsin, 1957 © Wikipedia/Public Domain

Der wechselweise Anbau von ein- und mehrjährigen Kulturen verringert die Erosionsgefahr und verbessert die Wasserinfiltration. © Josef Holzer

Gemulchter Boden am Krameterhof gemäß Kings Credo: „Der Schutz der Ressourcen Boden und Wasser ist die Grundlage jeder landwirtschaftlichen Unternehmung, die Aussicht auf fortwährend gute Erträge haben will.“ *© Marcus Auer*

Joseph Russell Smith

© Wikipedia/Public Domain

Neben F. H. King ist auch Russell Smith ein maßgeblicher Wegbereiter der Permakultur.

Joseph Russel Smith (1874–1966) wuchs auf einer Quaker-Farm in Virginia, USA auf und war Professor für Geografie an der Columbia Universität. Im Zuge seiner ausgedehnten Forschungsreisen, die ihn um die ganze Welt führten, wurde er Zeuge der verheerenden Wirkung, die Bodenerosion nach sich zieht.

Unter dem Eindruck der Verschlechterung der Böden als Folge falscher Bewirtschaftung und rücksichtsloser Entwaldung veröffentlichte er 1929 das wegweisende Werk *„Tree Crops – A Permanent Agriculture“*. Darin zeigte er Lösungen für das global auftretende Problem des Humusabtrages und der damit einhergehenden Verarmung der Landschaft auf. Auf seinen Reisen war er immer wieder mit derselben desaströsen Abfolge konfrontiert worden:

Erst Wald, dann Weide, dann Pflug und schließlich Wüste.

In China – entlang der großen Chinesischen Mauer – sah der Forschungsreisende zum Beispiel von einer Anhöhe aus *„Gullies, Gullies, Gullies. (Das sind) Erosions-Furchen, die bis zu 15 Meter in die Tiefe reichen. Furchen, soweit* *das Auge reichte: Eine aufgeschlitzte, ausgeweidete Landschaft. (...) Das ganze Tal – einst gutes Ackerland – war eine Wüste aus Sand und Geröll. Abwechselnd nass und trocken. Immer fruchtlos. (...) Die Bauern früherer Zeiten hatten den ursprünglichen Wald gerodet. Sie haben die Hänge gepflügt und hier Siedlungen errichtet. (...) Jahr für Jahr hat der Regen die lockere Erde abgewaschen. Heute ist hier kein Pflug mehr zu sehen. Nur ein Schäfer mit seinen Schafen und Ziegen, die an den letzten Überresten knabbern. (...) Eine riesige Fläche, durchzogen mit abscheulichen Furchen – noch abscheulicher anzusehen als Ruinen, die das Feuer hinterlässt. Wald. Weide. Pflug. Wüste. Das ist das Schicksal der Hügel unter dem Pflug – Ein Prozess, der nicht nur in China zu beobachten ist."* (Tree Crops – A Permanent Agriculture, 1929)

Dieselbe Problematik und desaströse Abfolge sah Smith auch in Syrien, Griechenland, Italien, Guatemala und – ganz besonders rasant voranschreitend – in seiner Heimat, den USA. Er propagierte daher, Bäume (wieder) in die landwirtschaftlichen Überlegungen einzubinden und arbeitete heraus, dass die Landwirtschaft mit einjährigen Pflanzen – insbesondere in steileren Lagen – langfristig großen Schaden anrichtet und daher nur in der Ebene praktiziert werden sollte.

Einer der zentralen Gedanken in *„Tree Crops – A Permanent Agriculture"* ist, dass die Einbeziehung von standortangepassten Bäumen die Landwirtschaft wesentlich bereichert und nachhaltig zu deren Stabilisierung und Ertragssicherung beiträgt. Die Idee zum Buch kam Smith im Zuge einer Forschungsreise, die ihn ins Mittelmeer führte:

„Wieder stand ich auf einem Gipfel und begutachtete die hügelige Landschaft unter mir. Diesmal war ich auf Korsika. Alle Hänge waren bedeckt mit Edelkastanien (Castanea sativa). Die Bäume reichten so weit in die Berge, bis es ihnen zu kühl, und so weit ins Tal, bis es ihnen zu trocken wurde. Soweit das Auge sehen konnte, erstreckten sich diese Kastaniengärten – ich möchte sie lieber Kastanienwälder nennen – über die Berghänge. (...) Diese veredelten Bäume produzierten jedes Jahr Früchte für Mensch und Tier. Und Holz obendrein. (...) Diese Hänge sind nicht erodiert, sondern intakt und auf unbestimmte Zeit in der Lage, Generationen von Menschen zu ernähren. Warum also sind die Hügel Chinas ruiniert, während die Hügel Korsikas im Vergleich dazu ein dauerhafter Garten Eden sind? Die Antwort ist klar: Nordchina kennt nur die bodenzerstörende Landwirtschaft des gepflügten Hügels. Korsika hingegen hat seine Landwirtschaft an die lokalen, physischen Bedingungen angepasst; hier wird die bodenerhaltende Baum-Landwirtschaft praktiziert. (...) Wenn wir Getreide in Hanglagen anbauen, bereitet das notwendige Aufbrechen des Bodens das Land auf den Ruin vor – zuerst kommt der Pflug, dann der Regen, dann Erosion. Schließlich die Wüste."

Während Smiths 1929 veröffentlichtes Hauptwerk *„Tree Crops – A Permanent Agriculture"* anfangs nicht weiter beachtet wurde, sorgte es mit einiger Verspätung in den 1960er Jahren für viel Aufsehen – auch in akademischen Kreisen.

Smiths Überlegungen hinsichtlich der Anforderungen an eine *„Permanent Agriculture"*, also eine dauerhafte Landwirtschaft, prägten auch David Holmgren und Bill Mollison. Die beiden arbeiteten in den 1970er Jahren in Australien an ihrem Konzept der „Permakultur" und machten es von dort aus in aller Welt bekannt. Wie Smith betonen auch sie die vielen Vorteile und Möglichkeiten, die Bäume bzw. komplexe, waldähnliche Systeme und deren naturnahe Bewirtschaftung bieten.

Smith, der sich als Wissenschaftler auch intensiv mit der Hungerproblematik und mit Missernten beschäftigte, war überzeugt davon, dass seine Ideen dazu beitragen können, den Hunger in der Welt effektiv zu bekämpfen. Waldähnliche Systeme würden verlässlich Nahrung liefern und gleichzeitig degradierte und übernutzte Landschaften reparieren und aufwerten. Alle noch bestehenden *„ursprünglichen"* Wälder, appellierte Smith, müssten unbedingt vor weiterer Abholzung geschützt werden.

Smith träumte von einem *Institut für Berglandwirtschaft*, welches sich mit der Sammlung, Erforschung und Entwicklung standortangepasster Bäume, Sträucher, Kräuter und Gräser beschäftigen sollte. Er selbst züchtete bis ins hohe Alter Kastanien, Persimon, Pekan, Walnüsse und Mandeln.

Der Forscher starb 1966 im Alter von 82 Jahren und gilt heute zu Recht als früher Pionier der Agroforstwirtschaft, einem Produktionssystem, welches Elemente des Ackerbaus und/oder der Tierhaltung mit denen der Waldnutzung vereint. Mit kluger Planung und standortangepassten, mehrjährigen Pflanzen lassen sich so Kulturlandschaften schaffen, die weit nachhaltiger, produktiver und stabiler sind als konventionelle Systeme. Diese seien ihrer Natur nach instabil, störungsanfällig und somit nicht zukunftstauglich, mahnte Smith seine Zeitgenossen und forderte sie auf, ihre Aufmerksamkeit stets auf das natürliche Potenzial der Landschaft und vor allem in den Boden zu richten.

Raoul Heinrich Francé

Dass der Boden lebendig ist und entsprechend behandelt werden muss, hat ein Zeitgenosse Smiths auch in Europa erkannt und beschrieben. Der Österreich-Ungar **Raoul Heinrich Francé** (1874–1943) war ein wichtiger Wegbereiter der ökologischen Landwirtschaft in Europa. Über 60 Bücher hat der Botaniker, Mikrobiologe, Natur- und Kulturphilosoph veröffentlicht.

Raoul Heinrich Francé

© Wienbibliothek im Rathaus

1913 erschien sein einflussreiches Werk *„Das Edaphon – Untersuchungen zur Oekologie der bodenbewohnenden Mikroorganismen"*. Francé beschreibt darin die unglaubliche Vielfalt unter unseren Füßen und vermittelte seinen Zeitgenossen anschaulich, dass die Fruchtbarkeit des Bodens auf die Tätigkeit unscheinbarer Kreaturen zurückzuführen ist.

Der Autor, der viele moderne ökologische Ideen vorwegnahm, war einer der ersten Wissenschaftler, der die Bedeutung des Bodenlebens erkannte und beschrieb. Zudem versuchte er dieses Wissen für die Bauern seiner Zeit aufzubereiten und sie für eine bodenschonende Bewirtschaftung zu sensibilisieren.

© Wikipedia/Public Domain

Charles Darwin

Auch **Charles Darwin** (1809–1882), der aufgrund seiner Beiträge zur Evolutionstheorie als einer der bedeutendsten Naturwissenschaftler gilt, beschäftigte sich Zeit seines Forscherlebens mit dem Boden. Er gilt als einer der Wegbereiter der Bodenbiologie.

„Es darf bezweifelt werden, ob es viele andere Tiere gegeben hat, die in der Geschichte der

Welt eine so große Rolle gespielt haben wie die Regenwürmer", schrieb Charles Darwin, der auch ein passionierter Gärtner war, schon 1881 in „Die Bildung der Ackererde durch die Tätigkeit der Würmer". Regenwürmer spielen eine zentrale Rolle in der Boden- und Humusbildung, wusste Darwin, der in einem 30 Jahre dauernden Freilandexperiment zeigte, dass durch die Arbeit der Regenwürmer Kalkstückchen von der Oberfläche bis 18 Zentimeter tief in den Boden eingearbeitet werden.

Der Boden ernährt uns, ist Basis allen höheren Lebens und muss daher entsprechend gewürdigt und beschützt werden. Die immer schwerer werdenden Maschinen des Industriezeitalters, die die Bodenbearbeitung so viel bequemer machen, verleiten zu Maßnahmen, die den Boden langfristig verdichten. Tiefes Pflügen und der Einsatz von Mineraldüngern stören und zerstören das Bodenleben. Was darauf folgt, ist Erosion durch Wind und Regen: Die wertvolle Humusschicht, die sich unter natürlichen Bedingungen nur sehr langsam aufbaut, wird abgetragen, *„die Steine beginnen zu wachsen"*.

Percival Alfred „P. A." Yeomans

© Ken Yeomans

Diese Prozesse zu vermeiden, ist einer der wichtigsten Aufgaben der Landbewirtschaftung. Das brachte den australischen Erfinder und Ingenieur **P. A. Yeomans** (1905–1984) auf das Keyline-Design-Konzept. Yeomans, der ursprünglich Bergbauunternehmen beriet, war Experte für Hydrologie und Geomorphologie und gestaltete Farmland so, dass sich Niederschlagswasser auf der Fläche verteilen und langsam im Boden versickern konnte. Sein erklärtes Ziel war die Sammlung allen Regenwassers bei gleichzeitiger Verhinderung von Bodenerosion.

Sein Buch *„Water for Every Farm – The Keyline Plan"* von 1954 ist ebenfalls ein Standardwerk der Permakultur. Für die späteren Entwickler der modernen Permakultur, Bill Mollison und David Holmgren, waren seine Designs entscheidende Ideengeber.

Masanobu Fukuoka

© Taro Nakamura

Dasselbe gilt für den Japaner **Masanobu Fukuoka** (1913–2008). Der Mikrobiologe hängte eines Tages seine Beamtenkarriere an den Nagel und wurde Bauer. Er entwickelte ein Bewirtschaftungskonzept, das sich an natürlichen Wechselwirkungen und Prozessen orientiert. Sein Credo lautete: Natur und ihren Rhythmus studieren und aus der Beobachtung Schlüsse für die Bewirtschaftung ziehen.

Sein Buch *„The One-Straw Revolution – An Introduction to Natural Farming"* hatte einen entscheidenden Einfluss auf viele alternative Landwirtschaftskonzepte.

Fukuokas Felder waren umgeben von Intensiv-Reisanbau-Kulturen, die mit Mineraldünger und – wie er befand – *„grotesken"* Mengen an eingesetzten Pestiziden arbeiteten. Sein *„natürlicher Weg der Landwirtschaft"* (The natural way of farming – The Theory and Practice of Green Philosophy, 1985) setzt auf die natürliche Vitalität und

Regenerationskraft des Bodens. Schädlingspopulationen hielt der genaue Naturbeobachter mit Fruchtfolgen und ökologischen Gegenspielern in Schach, zum Beispiel, indem er Spinnentiere förderte oder Enten zeitweise in die Kulturen ließ. Fukuoka war Wissenschaftler und als solcher ein vehementer Gegner der Agrochemie.

Rachel Carson

© Wikipedia/Public Domain

Die zerstörerische Kraft der Agrochemie ist spätestens seit **Rachel Carsons** (1907–1964) Sachbuch *„Silent Spring"* aus dem Jahr 1962 einer kritischen Öffentlichkeit bekannt. Carson war Biologin und Umweltjournalistin und machte den rigorosen Pestizid-Einsatz zum Thema, indem sie dessen verheerende Auswirkungen auf Ökosysteme populärwissenschaftlich aufarbeitete.

Sie bezeichnet den großflächigen Einsatz von Pestiziden als *„den schlecht geplanten und dilettantisch durchgeführten Versuch einer Massenvernichtung von Insekten, die zahllose unerwünschte Nebeneffekte hat"*. Die erfolgreiche Sachbuchautorin erklärte ihrer Leserschaft die Nahrungskette und wie die Kontaminierung von Wasser und Boden dazu führt, dass sich Pestizide und deren Abbauprodukte in Lebewesen anreichern. Für das Massensterben von Vögeln, Insekten, Reptilien und Säugetieren machte sie das US-amerikanische Landwirtschaftsministerium direkt verantwortlich.

„Der stumme Frühling" (1962) löste in Carsons Heimat, den USA, eine bis heute heftig geführte politische Debatte aus und führte letztlich zum Verbot des Insektizids DDT. Der enorme Erfolg dieses Buchs gilt als Ausgangspunkt einer weltweiten Umweltbewegung, zu der immer mehr kritische Wissenschaftler stoßen sollten.

René Dubos

© The Rockefeller Archive Center/digitalcommons @RU

Einen wichtigen Beitrag zum Diskurs und zur Wissenschaftskommunikation leistete auch **René Dubos** (1901–1982), Mediziner, Mikrobiologe und Umweltaktivist. Dubos hatte 1939 eine antibakterielle Substanz isoliert und analysiert, die er *Tyrothricin* taufte. Es war das erste kommerziell hergestellte Antibiotikum überhaupt. Ihm wird auch der Slogan *„think globally, act locally"* („Denke global, handle lokal") zugeschrieben.

In seinem Buch *„Der entfesselte Fortschritt"* („So human an animal") aus dem Jahre 1973 heißt es: *„Der moderne Mensch glaubt, dass er die Naturkräfte fast vollständig beherrscht, die seine Evolution in der Vergangenheit geformt haben, und dass er deswegen nun sein eigenes biologisches und kulturelles Schicksal kontrollieren könne. ... (aber) wie alle anderen Lebewesen ist der Mensch Teil eines ungeheuer komplexen ökologischen Systems und auf vielfältige Weise mit all den Komponenten dieses Systems verbunden."*

Bill Mollison

Bruce Charles „Bill" Mollison (1928–2016) war Holzfäller, Fallensteller und Hochseefischer, ehe er im Alter von 32 Jahren eine akademische Ausbildung einschlug und Biogeograph wurde.

Bill Mollison
© Right Livelihood Award Foundation

In den 1970er Jahren unterrichtete er Umwelt-Psychologie in Hobart, Tasmanien. Dort schrieb er gemeinsam mit David Holmgren, einem seiner Studenten, das Buch *„Permaculture One"*, welches namensgebend für eine ganze Bewegung werden sollte.

„Ich erinnere mich an den Bericht des Clubs von Rom aus dem Jahr 1967, in dem es hieß, dass die Zerstörung der Umwelt aufgrund des Bevölkerungswachstums und des übermäßigen Ressourcenverbrauchs unvermeidlich sei.

Nachdem ich das gelesen hatte, dachte ich: „Die Menschen sind so dumm und so destruktiv – wir können nichts für sie tun."

Also zog ich mich aus der Gesellschaft zurück. Ich dachte, ich gehe einfach weg, setzte mich auf einen Hügel und sehe zu, wie alles zusammenbricht.

Drei Wochen später hatte ich begriffen, dass ich zurückkehren und kämpfen muss. (...)

In den frühen 1970er Jahren fragte ich mich, ob wir landwirtschaftliche Systeme bauen können, die ökologischen Prinzipien gehorchen. Wir kennen sie, wenden sie aber nie an. Ist das nicht seltsam? Mir wurde klar, dass wir Systeme schaffen können, die sogar besser funktionieren als natürliche Systeme." (Bill Mollison, Erinnerungen 2009)

Als großer Bewunderer von Yeoman, King, Smith und Fukuoka war Mollison maßgeblich von deren Arbeit und Ideen beeinflusst. Franklin H. Kings „**perma**nent agri**culture**" – zu Deutsch: „dauerhafte Landwirtschaft" – fusionierten Mollison und Holmgren zu dem Begriff *Permaculture*. Permakultur definieren sie als ein Design-System zur Schaffung nachhaltiger Kulturlandschaften. Der Grundgedanke dahinter: Ohne produktive Landschaft, gesunde Ökologie und Kreislaufwirtschaft kann keine Kultur dauerhaft überleben.

„Wir leben auf einem Planeten in der Krise. Oft fühlen sich Menschen machtlos, Veränderungen zu bewirken. Permakultur bietet positive Lösungen für die Probleme, mit denen die Welt konfrontiert ist. Sie nutzt die Ökologie als Grundlage für das Studium, die Gestaltung und die Implementierung dauerhafter, funktionaler, nachhaltiger und integrierter Systeme, die Kulturlandschaften und natürliche Ökosysteme unterstützen. (...)

Kurz gesagt: Permakultur ist die Wissenschaft der besten relativen Platzierung von Komponenten in einem Plan oder Muster, um Ressourcen zu erhöhen, Energie zu sparen oder zu erzeugen und Verschmutzung oder Abfall zu reduzieren oder zu beseitigen.

Es ist eine informationsreiche, interdisziplinäre Studie, die alle Grenzen überschreitet und immer offen für Informationen und Technologie ist, die den Prozess bei der Erreichung seiner Ziele unterstützen. Alte Weisheit und moderne Technologien werden unter dem Schirm der Permakultur überbrückt." (Bill Mollison; Permaculture Two, 1979)

Permakultur, so Mollison, sei „ein permanenter Prozess", gleichzeitig Theorie und Praxis, die alles verfügbare traditionelle wie akademische Wissen integrieren kann und für sich zu nutzen weiß.

Unermüdlich reisend und unterrichtend – Mollison nannte sich selbst einen „Feldbiologen und

Wanderlehrer" – verhalf er dem Permakultur-Konzept zu weltweiter Popularität. 1981 erhielt er für die „Vision der Permakultur" den prestigeträchtigen *Right Livelihood Award*, besser bekannt als *alternativer Nobelpreis*.

„Was treibt dich an?" werde ich häufig gefragt. Ich denke, sie erwarten, dass ich eine Religion, eine Berufung gefunden habe. Nein! Wut treibt mich an. Wut. (...)

Ich bin wütend und werde wütend bleiben, solange ich lebe, und mit Blick auf meine geliebte Welt werde ich an echten Lösungen arbeiten, bis ich sterbe.

Und ich hoffe, dass alle unsere Kinder auch wütend sind; Ihre Welt wird von Narren verwüstet, aus Gier oder Macht. Dummköpfe. Wir sind auch wütend, dass wir selbst versagt haben, dass wir unseren Verstand nicht eingesetzt haben, dass wir uns weigern zu glauben, dass wir in den letzten Krieg der Menschheit verwickelt sind: Der Kampf, um zu verhindern, dass wir die Welt töten.

Spüre die Angst.
Werde wütend.
Zieh in den Kampf.
Sei verängstigt, aber mehr wütend als verängstigt.
Das ist es.

(Bill Mollison, Travels in Dreams – An Autobiography, 1997)

Bill Mollison: „Permakultur ist das Schaffen von kleinen Paradiesen hier auf der Erde." © Marcus Auer

DREI-SÄULEN-PRINZIP VON JOSEF A. HOLZER

Permakultur ruht auf drei Säulen:

1. Naturverständnis
2. Selbstbegrenzung
3. Reflexion

Von der Natur zur Kultur

Die grundsätzliche Idee hinter Permakultur ist es, Natur in Kultur zu übertragen.

Wer mit der Natur arbeitet, ihren Rhythmus respektiert, die lokalspezifischen Eigenheiten der Landschaft, ihre Besonderheiten und Limitationen erkennt und richtig interpretiert, kann mit verhältnismäßig geringem Aufwand die natürliche Produktivität einer Fläche bestmöglich nutzen.

Es geht daher zunächst darum zu beobachten und herauszufinden, wie Prozesse in der Natur ablaufen, wie sie funktioniert und produziert.

Nehmen wir als Beispiel das Ökosystem Boden. Die konventionelle, industrielle Landwirtschaft betrachtet Boden als bloßes Substrat. Sie nimmt keine Rücksicht auf seine lebendige Natur. Im Boden, der unser aller Lebensgrundlage darstellt, laufen eine Vielzahl an komplexen Prozessen gleichzeitig ab. Seine Fruchtbarkeit hängt von Kleinstlebewesen, von Mikroorganismen ab, die den Boden fortlaufend auf- bzw. umbauen und die Pflanzen mit Nährstoffen versorgen. Je vielfältiger und artenreicher das Bodenleben

Josef A. Holzer: „Ein gesunder, belebter Boden ist das Fundament jeder erfolgreichen Bewirtschaftung.“ © Marcus Auer

ist, umso besser funktioniert die Versorgung der Pflanzen.

So essenziell die Tätigkeit dieser unscheinbaren Lebewesen für den nachhaltigen Ernteerfolg ist, so schnell werden sie gestört, verdrängt oder getötet.

Wer beispielsweise tief pflügt, Mineraldünger und chemische Pestizide ausbringt, den Boden offen und somit ungeschützt lässt, schadet ihm massiv und verliert die besten Mitarbeiter. Denn unter solchen Bedingungen können die Bodenorganismen weder *arbeiten* noch sich vermehren. Die Folgen sind gravierend: Ein verdichteter, staubtrockener Boden ohne Luft- und Wassereinschlüsse ist für die Landwirtschaft kaum zu gebrauchen. Wer aber sieht und versteht, was diese Lebewesen brauchen, kann sie gezielt fördern. Indem man die Bewirtschaftungstechnik auf sie ausrichtet, kann man den Boden fruchtbar erhalten, ohne ihn zu schädigen oder zu verbrauchen.

Der Leitsatz für die Landbewirtschaftung müsste lauten: „Natur führt, Technik folgt."

Im Falle der Bodenbearbeitung bedeutet das: Nicht der Mensch und seine Maschinen geben vor, wie der Boden zu bewirtschaften ist, sondern der Boden selbst stellt die Regeln auf und leitet uns an, *was wann* zu tun ist. Bodenbearbeitung, -nutzung und -pflege werden auf die ökosystemischen Prozesse abgestimmt, die die Natur vorgibt. Denn arbeitet man gegen ihre Vorgaben, führt das langfristig zum Verlust von Bodenleben und Produktivität.

Es gilt, den Boden minimal-invasiv zu bearbeiten, um das Bodenleben so wenig wie möglich zu stören.

Am Krameterhof sorgen wir beispielsweise dafür, dass ungeschützter Boden mit einer Pflanzendecke oder organischem Material abgedeckt, sprich gemulcht wird. Einerseits hat das Bodenleben so immer Nahrung, andererseits ist der Boden dadurch auch vor Erosion geschützt.

Ein durchwurzelter bzw. gemulchter Boden wird längst nicht so heiß und trocken wie nackter Boden, weshalb ihm Regen und Wind nicht viel anhaben können. Wenn man außerdem auf Fruchtwechsel, Mischkulturen und Gründüngungen achtet, kann man die Bodenfruchtbarkeit langfristig erhalten und sogar Humus aufbauen.

Humusreiche Böden funktionieren wie ein Schwamm und können bis zum Fünffachen ihres Eigengewichts an Wasser speichern. Gerade jetzt, wo das Weltklima wärmer und trockener wird, ist es von entscheidender Bedeutung, Regenwasser in den Böden zu speichern.

Fazit: Durch Humusaufbau, Verbesserung der Bodenstruktur, Bewurzelung sowie wasserbremsender Konturbewirtschaftung erhöht man die Infiltrationsrate und minimiert die oberflächlichen Wasserabflüsse, die zu Erosion führen.

Begrenzung akzeptieren

Landwirtschaft wörtlich genommen bedeutet, eine begrenzte Fläche zu bewirtschaften. Der natürlichen Begrenztheit begegnet die konventionelle Landwirtschaft, indem sie Ressourcen in Form von Futter- und Düngemitteln zukauft, um ihren Flächenertrag zu steigern.

Der tatsächliche Flächenverbrauch spielt in solchen Überlegungen keine Rolle.

Mit viel Input viel Output zu erzeugen, ist keine große Kunst, sondern im Grunde Verschwendung von Ressourcen.

Die Permakultur geht anders mit Begrenztheit um. Wir führen dem System möglichst wenig externe Ressourcen zu. Durch Diversifizierung nutzen wir die Vorteile der Kleinteiligkeit und setzen auf Mehrfachnutzung, die wiederum der Garant für die Stabilität des Systems ist.

Wassergarten und Teich eingebettet in agroforstliche Strukturen am Krameterhof – Wasserpflanzenzucht und Fischvermehrung – Mehrfachnutzung als Schlüssel zum Erfolg
© Josef Holzer

Ein Teich beispielsweise dient nicht nur der Bewässerung, er ist auch selbst Produktionsmittel und kann Lebensraum für Krebse, Fische und Wassergeflügel sein. Je nach Gestaltung kann er auch als Wassergarten fungieren, in dem Pflanzen wie Wasserspinat, Kalmus, Fieberklee oder Wassernuss wachsen. Der Teich bremst und erntet das Niederschlagswasser und sein Wasserkörper sorgt für ein Mikroklima, das sich günstig auf das Gedeihen angrenzender Kulturen auswirkt.

Selbst auf kleiner Fläche lassen sich gute Erträge erwirtschaften, sofern man sich intensiv mit den spezifischen Möglichkeiten vor Ort auseinandersetzt. Es gilt, die Stärken, das Potenzial und die Limitationen einer Fläche zu erkennen. Je besser ich um die konkreten Bedingungen Bescheid weiß, umso ausdifferenzierter kann ich meine Bewirtschaftung gestalten.

Der Schlüssel zum Erfolg liegt also in der kreativen, vertiefenden Auseinandersetzung mit den spezifischen Gegebenheiten. So kommt man zu standortangepassten Kulturen, zu multifunktionalen, individuellen Lösungen, die reiche und vielfältige Ernte bringen.

Während die Landwirtschaftsindustrie fast jeder Landschaft ein und dasselbe Modell überstülpt und mit Gewalt Bedingungen für Monokulturen schafft, meidet die Permakultur diese ressourcenintensive Eintönigkeit.

Agrarindustrielle Monokulturen sind ihrem Wesen nach enorm riskant, Totalausfälle werden in Kauf genommen und zu ernten gibt es nur ein einziges Produkt. Dessen Preis wiederum steht in Konkurrenz zu den vielen anderen Produzenten, die dasselbe anbauen.

Eine Permakultur dagegen liefert eine Vielzahl an Produkten und ein Teilausfall des Systems wirkt sich nicht so verheerend aus. Zudem gelingt es mit dieser Art des Wirtschaftens auch viel besser, Energie- und Nährstoffkreisläufe zu schaffen. Auch die Wertschöpfungskreisläufe können lokaler gestaltet werden, wenn das Geld nicht für weitgereiste Ressourcen ausgegeben wird.

In unserem System gibt es am Feld, im Stall und auf der Wiese auch keine Abfälle und keine ungewollten Überschüsse, denn alles bleibt so lange wie möglich im Kreislauf und ist somit Produktionsgrundlage.

Im besten Fall greifen die einzelnen Bereiche so ineinander, dass ein komplex verzahntes Produktionssystem entsteht, das sich gegenseitig begünstigt und stabilisiert.

Ziel ist es, resiliente und lebenswerte Kulturlandschaften zu entwickeln, ökologisch verantwortungsvoll zu wirtschaften und Biodiversität durch die Bewirtschaftung zu fördern.

Dabei dienen uns auch historische Systeme als Vorbild und Inspirationsquelle. Es sind teils uralte Systeme, die wir an heutige Bedingungen anpassen, weil sie viele interessante Perspektiven bieten – gerade weil sie auf dem Prinzip der Selbstbegrenzung aufbauen.

Reflexion üben

Wer Grund und Boden bewirtschaften darf, ist privilegiert. Dieses Privileg bringt aber auch die Verpflichtung mit sich, das Land und seine Fruchtbarkeit für die Nachwelt zu erhalten.

Arbeiten wir mit Land, müssen wir uns immer wieder dieselben Fragen stellen: „Können wir das, was wir hier tun, verantworten? Ist es sinnvoll?". Diese Fragen kann ich auf alle Bereiche anwenden.

Im Acker- oder Gartenbau frage ich: „Wird mein Boden mit meiner Bewirtschaftung besser oder schlechter? Wie entwickelt er sich? Wie schaut es mit dem Humusgehalt aus? Wie mit dem Bodenleben und der Durchwurzelung?"

In der Tierhaltung frage ich: „Möchte ich bei mir am Hof ein Tier sein? Wenn nein, warum nicht?" Eine vordergründig simple Frage, aber eine, mit der ich mich auseinandersetzen muss, wenn ich Bedingungen schaffen will, die ich auch verantworten kann.

„Wie geht es den Menschen, die mit mir gemeinsam arbeiten? Wie den Betrieben, die meine Partner sind? Wie steht es um das menschliche Miteinander?".

Diese Fragen sind oft schwierig zu beantworten, aber sie sind wichtig, wenn man langfristig Erfolg haben will.

Alle Menschen *kochen nur mit Wasser* und stolpern von Fehler zu Fehler. Umso wichtiger ist es, sich Zeit zu nehmen und zu reflektieren. Ansonsten verläuft man sich und wird Chancen und Risiken gegenüber gleichermaßen blind.

Reflexion, Naturverständnis und Selbstbegrenzung weisen den Weg zu einer dauerhaft tragfähigen Landwirtschaft, die nicht von Ausbeutung und Übernutzung gekennzeichnet ist, sondern von systemischen Überlegungen und einer eingehenden Auseinandersetzung mit den grundsätzlichen Ansprüchen von Lebewesen an ihren Lebensraum.

Enten und Gänse beim Bad in ihrem „Winterteich". *© Josef Holzer*

Josef A. Holzer: „Der Gelbe Enzian – unsere wichtigste und wertvollste Heilpflanze“

PERMAKULTUR AM KRAMETERHOF VON JOSEF A. HOLZER

Am Krameterhof arbeiten wir so, dass mit möglichst geringem Aufwand möglichst viel Ertrag erwirtschaftet werden kann. Ein passendes Beispiel ist das vielseitig verwertbare Produkt Enzianwurzel.

Die Wurzel des Gelben Enzians (*Gentiana lutea*), die unter anderem bei Haut- und Magenbeschwerden eingesetzt wird, wird nur selten kultiviert. Da die Nachfrage danach größer ist als das Angebot, erzielen Enzianprodukte gute Preise. Zudem wächst der Gelbe Enzian auf sonst wenig ertragreichen Weideflächen.

Unsere circa 20 Rinder weiden das ganze Jahr im Freien. Sie verschmähen bittere Pflanzen, lassen daher auch den Enzian stehen und fressen nur die Beikräuter. Die Tiere schaffen dem Enzian somit *die Konkurrenz vom Hals*. Darum kann er sich bestens entwickeln. Tatsächlich verdienen wir mit dem Verkauf seiner Wurzeln mehr als mit den 20 Rindern, die die „Pflege" der Enzian-Kultur übernehmen.

Auf ähnliche Weise halten Schafe unsere Obstbaum-Kulturen instand. Es sind sogenannte *Southdown*-Schafe, die seit Jahrhunderten im Süden Englands grasen und daher auch *„Olde English Babydoll"* genannt werden. Diese Rasse eignet sich hervorragend für die Haltung in Obstgärten, denn sie „mähen" und düngen die Flächen,

Moderne Permakulturlandschaft am Krameterhof © Josef Holzer

Hühnervögel (Puten) am Krameterhof – integrierter Pflanzenschutz, der Eier legt. © Josef Holzer

Alpenschweine bei der Arbeit am Krameterhof © Josef Holzer

vertreiben nebenbei auch noch die Wühlmäuse, lassen die Bäume selbst aber in Ruhe. Bestimmte Kräuter, die wir anbauen, wie zum Beispiel Melisse, mögen sie auch nicht, weshalb sie, ähnlich wie die Rinder beim Enzian, perfekte Kräuter-Gärtner abgeben.

Etwas misstrauischer muss man den Schweinen gegenüber sein, die weniger wählerisch sind und daher genauer beobachtet werden müssen. Unsere Schweine ernähren sich hauptsächlich von Grünfutter und Ernterückständen, suchen sich ihre Nahrung also großteils selbst. Auf der ständigen Suche nach Futter wühlen sie im Boden und düngen nebenher auch noch die Fläche, die so für die nächste Kultur vorbereitet wird.

Wir halten unsere Alpenschweine in Koppelwirtschaft und lassen sie nie lange auf einer Fläche, da der Schaden, den sie anrichten können, beträchtlich ist.

Rotierend setzen wir auch unserer Hühner ein, für die wir mobile Ställe gezimmert haben, die sich ohne viel Aufwand bewegen lassen. Somit werden die Hühner zu wichtigen Mitarbeitern im Obst- und Gemüsebau. Vor dem Anbau und nach der Ernte lassen wir sie in die Kulturen. Während diese heranwachsen, platzieren wir die Hühner rund um diese Flächen herum. Der Grund dafür ist ihre hervorragende Eignung als Schädlingsregulierer.

Vor allem bodengebundene Schädlinge wie Insektenlarven, Drahtwürmer und Schnecken halten sie gut in Schach.

Hühner, die von Natur aus Waldrandbewohner sind, fühlen sich besonders dort wohl, wo sie im Schutz von Büschen und Bäumen „arbeiten“ dürfen. Von beidem gibt es am Krameterhof reichlich, auch in unmittelbarer Nähe der Gemüsekulturen. Während der Saison werden sie aus diesen ausgesperrt und kommen in den Obstgarten, wo sie so lange bleiben und Schädlinge vertilgen, bis sie zur Nachernte wieder zu den Gemüsebeeten dürfen.

Ihr Mist und ihr Scharren bereiten die Beete auf das nächste Jahr vor. Etwaige Schädlinge, die versuchen, im Boden zu überwintern, werden schonungslos aufgepickt – integrierter Pflanzenschutz, der Eier legt.

Beim Thema Pflanzenschutz sind unbedingt auch die vielen Nützlinge der Insektenwelt zu erwähnen, ohne die unser System nicht funktionieren würde.

Wir halten am Krameterhof Honigbienen, die neben der Honigproduktion auch Nutzpflanzen bestäuben. Weil die Honigbienen unter 10 °C aber nicht ausfliegen, sind wir auch auf die Bestäubungsleistung wilder Insekten angewiesen. Durch das raue Bergklima liegt bei uns die Temperatur zur Zeit der Obstbaumblüte oft deutlich unter 10 °C.

Vor allem die Hummeln leisten diesbezüglich hervorragende Arbeit. Im Gegenzug sorgen wir dafür, dass es den Wildbienen, Schwebfliegen und Wespen bei uns gut geht. Wir schaffen gut strukturierte Habitate, verzichten komplett auf chemische Pestizide und nehmen bei unseren Pflegemaßnahmen auf unsere fleißigen Helfer Rücksicht.

Wer nach den Prinzipien der Permakultur arbeitet, interpretiert die Rolle des Landbewirtschafters möglichst kreativ und umfangreich – immer ist die Arbeit und die Auseinandersetzung mit Landschaft, Boden, Tieren, Wasser, Pflanzen und Pilzen eine miteinander verwobene.

Das Verständnis des komplexen und dynamischen Zusammenspiels dieser Faktoren macht es möglich, Lösungen für die nachhaltige Kultivierung der spezifischen Landschaft zu entwickeln. Das ist der Zugang der Permakultur.

Mischkultur aus Zwiebeln und Karotten – Josef A. Holzer: „Wer permanent agriculture, also dauerhafte Landwirtschaft betreiben will, findet Hinweise und Anleitungen in der Natur."

© Marcus Auer

ALLES EINE FRAGE **DES STANDORTES**

VON OPTIMISTEN, PESSIMISTEN UND TOLERANTEN

VON JOSEF A. HOLZER

Ausschlaggebend für den Erfolg einer Kultur ist deren Eignung auf dem jeweiligen Standort. Je weniger der Standort taugt, umso riskanter das Unterfangen, umso wahrscheinlicher werden Probleme auftreten.

Jedes Lebewesen ist ein bisschen anders, hat spezifische Ansprüche und Vorlieben. Je nach Standort ist es mehr oder weniger konkurrenzstark. Das ist ein wesentlicher Grund, weshalb sich in der Natur Mischungen und Dynamiken ergeben.

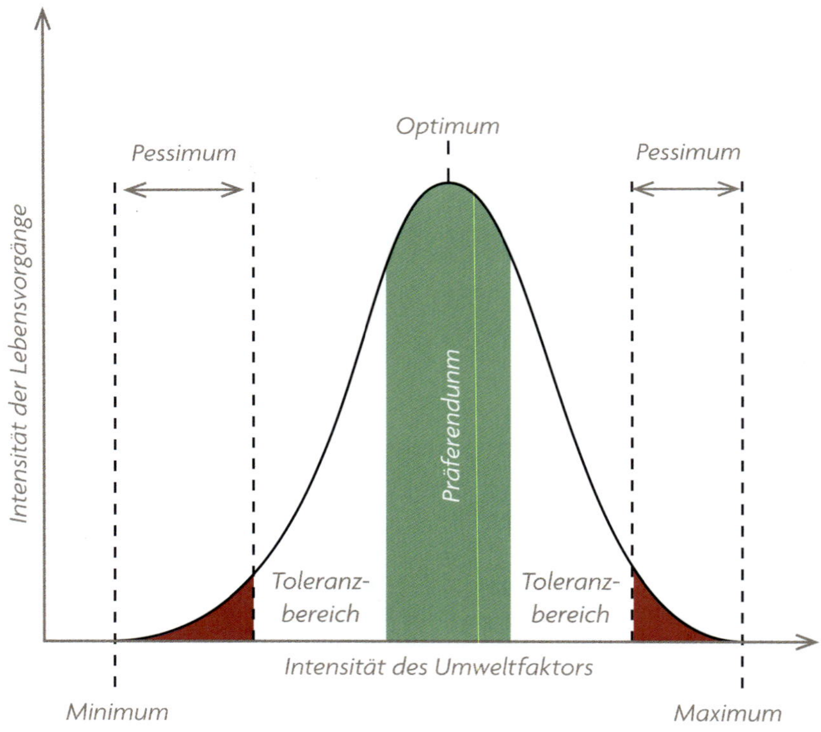

Abbildung 6: Einfluss von Umweltbedingungen auf Arten (Grafik: Werbeagentur Rypka)

Die Wechselwirkung zwischen Arten und ihrer Umwelt
Im Pessimum kann die Art gerade noch (über)leben – eher *schlecht als recht*. Hier hat das Lebewesen wenig Möglichkeiten sich gegen Konkurrenz durchzusetzen, sich fortzupflanzen und so weiter.
Im Toleranzbereich kann die Art auch langfristig überleben, wird sich wesentlich besser gegen andere Arten behaupten können.
Und **im ökologischen Optimum** sind Lebensraum und -bedingungen für eine Art am besten. Hier ist sie konkurrenzstark und belastbar.

Die Glockenkurve aus Abbildung 6 stellt ein Modell der ökologischen Potenz dar. Es beschreibt das Verhältnis von Lebewesen zu ihrer Umwelt, also den Einfluss von Umweltbedingungen auf die jeweilige Art unter Konkurenzbedingungen. Die einzelnen Umweltfaktoren, wie beispielsweise Sonneneinstrahlung, Wasservorkommen, Temperatur oder Zusammensetzung des Bodens, bestimmen darüber, ob sich das Lebewesen behaupten kann. Bewegt es sich im Pessimum, wird es – wenn überhaupt – nur knapp überleben. Zeigt die Kurve nach oben, kommen wir in den Toleranzbereich und schließlich zum Optimum. Dann aber wird es zu viel, die Kurve neigt sich wieder gen Toleranzbereich. Je nachdem, wie spezialisiert ein Lebewesen ist, wird diese Kurve schmäler oder breiter sein – je spezialisierter die Art, umso schmäler die Kurve.

Für die Permakultur ist diese Kurve von enormer Bedeutung, denn Standortangepasstheit ist der Schlüssel zum nachhaltigen Erfolg. Im Pessimum kann der Bewirtschafter lediglich spielen. Bei mir am Hof finden sich beispielsweise Pflanzen, die sind am vollkommen falschen Ort gelandet. Sie können nur überleben, wenn ich mich regelmäßig um sie kümmere – im Garten.

Ein Garten ist vergleichbar mit einer Intensivstation. Dort kann ich mich intensiv um die Pflege und Bedürfnisse der einzelnen Pflanzen kümmern. Im Garten sind somit Dinge möglich, die außerhalb aussichtslos wären.

Beinahe jede Pflanze kann ich dort am Leben erhalten: Ist es ihr zu trocken, kann ich sie regelmäßig gießen. Ist es ihr zu kalt – ich habe beispielsweise Feigen (*Ficus carica*) am Hof – kann ich sie einwickeln. Sie sind im Pessimum, können aber im Kontext eines Gartens überleben.

Gehen wir einen Schritt weiter, kommen wir in den Toleranzbereich. Dort findet Landwirtschaft statt. Landwirtschaft ist ein Bereich, der zu groß ist, als dass ich mich dort – wie im Garten – ständig um die Pflanzen kümmern könnte. Eine Landwirtschaft, die auf Intensivpflege aufbaut, wird scheitern. Es wäre beispielsweise völlig wahnsinnig und sinnlos, am Krameterhof eine Feigenplantage anzulegen. Selbst wenn die Fläche klein wäre, hätte ich ungemein viel Arbeit mit der Kultur und der Ertrag stünde in keinem Verhältnis zum Aufwand.

Allerdings kann es unter Umständen sinnvoll sein, auf kleinen Flächen mit Obstbäumen zu arbeiten. Birnen (*Pyrus*), Weichseln (*Prunus cerasus*) oder Marillen (*Prunus armeniaca*) – stünden hier in ihrem Toleranzbereich.

Sofern diese Flächen nicht zu groß sind und ich mich um sie kümmern kann, haben sie in meiner kleinstrukturierten Landwirtschaft durchaus eine Berechtigung. 50 Hektar davon wären dagegen wahrscheinlich ein ökonomisches Desaster.

Im Toleranzbereich kann ich mich als Bewirtschafter also *spielen* und abwägen, was, wo und in welchem Umfang Sinn ergibt und was nicht.

Jetzt kommen wir ins Optimum und somit zum Thema Wald. Im Wald sollten wir immer und unter allen Umständen im Optimum sein, weil die zu betreuende Fläche dermaßen groß ist,

Josef A. Holzer: „Im richtigen Maßstab kann es durchaus sinnvoll sein, Pflanzen zu kultivieren, die nicht im Optimum, sondern im Toleranzbereich stehen. Am Krameterhof sind das zum Beispiel Kirschen."

dass Pflege und Fürsorge, wie sie in Garten und unter bestimmten Voraussetzungen auch in der Landwirtschaft noch möglich ist, nicht bewältigt werden kann.

Das Dümmste, das ich als Bewirtschafter machen kann, ist, ein System aufzubauen, das mich permanent überfordert. In diesem Fall ist der Misserfolg vorprogrammiert.

Es gilt also: Je größer die Fläche, umso wichtiger ist es, dass man mit standortangepassten Lebewesen arbeitet, also mit Arten, die dort im Optimum sind. Ansonsten wird man am Pflegeaufwand der Anlage verzweifeln.

Dazu ein Beispiel aus der Praxis: Auf meinem Hof stehen über die Fläche verstreut jede Menge Zirben (*Pinus cembra*). Eine wunderbare Baumart, die in Europa vor allem in den subalpinen Höhenstufen der Alpen und Karpaten beheimatet sind.

Im Bereich der Waldgrenze ist dieser Spezialistin niemand gewachsen. Die Fichte etwa wächst dort langsamer als die Zirbe. Somit setzt sich die Zirbe durch, bildet Reinbestände oder vergesellschaftet sich mit der Lärche (*Larix decidua*).

Dabei ist es wichtig zu verstehen, dass es einen Unterschied gibt zwischen dem *ökologischen Optimum* und dem *physiologischen Maximum*.

An der Baumgrenze findet die Zirbe ihr ökologische Optimum, was nicht bedeutet, dass sie dort auch besonders groß werden oder schnell wachsen würde, also ihr physiologisches Maximum erreichen kann. Aber dort oben, in ihrem ökologischen Optimum, zeigt sie sich stabil, ist gegenüber anderen Baumarten – die dort eben nicht ihr ökologisches Optimum finden – besonders konkurrenzfähig und kann sich gut vor Schädlingen oder Krankheiten schützen.

Weil mein Vater, dem diese Baumart immer schon sehr gut gefallen hat, sie hier gesetzt hat, habe ich Zirben am Hof. Es sind wunderbare Pflanzen, mit denen ich viel anfangen kann, weil es Mehrfachnutzungsbäume sind.

Bei mir wachsen sie schon ab etwa 1.300 m Seehöhe, weit unterhalb der Waldgrenze, und damit nicht in ihrem ökologischen Optimum. Halten konnten sie sich nur deshalb, weil Weidetiere ihnen die Konkurrenz wegfraßen. Jede Fichte, Weide oder Birke wächst auf diesem Standort viel schneller.

Für mich sind Zirben in einem landwirtschaftlichen Weide-Kontext deshalb interessant, weil die Zirbe der einzige Nadelbaum ist, der freistehend wachsen kann.

Wenn ein Baum freisteht, bildet er sehr viele Äste und eine breite Krone aus, denn er muss nicht mit anderen Bäumen um Licht konkurrieren. Weil er von allen Seiten Licht bekommt, orientiert er sich in die Breite und nicht in die Höhe, wie im Wald.

Im Wald würde die Zirbe einen schöneren Stamm beziehungsweise Schaft und weniger Äste bilden. Im Gegensatz zu anderen Baumarten wird das Zirbenholz aber nicht weniger wert, wenn es stark verastet ist. Die Äste fallen nämlich nicht aus dem Brett, sondern sorgen für eine schöne, verspielte Maserung.

Das Holz ist derzeit jedenfalls sehr in Mode. Man kann im Grunde alles an diesem Baum verkaufen – selbst Zweige und Nadeln, aus denen man ätherische Öle gewinnt. Die Nachfrage ist sehr groß, das Anbaugebiet aber stark begrenzt. Insbesondere Zirbenholz reißt man den wenigen Anbietern förmlich aus der Hand.

Die Zirbe ist *der Obstbaum unter den Nadelbäumen*. Und so nutze ich sie auch. Aus den aromatischen Zapfen machen wir Sirup, Marmelade, Gelee, Zuckerl, Schnaps, Öl und Essig.

Josef A. Holzer: „Würden die Menschen hier verschwinden, wären nach 100 Jahren auch die meisten Zirben hier wieder verschwunden. Sie würden von der Konkurrenz verdrängt.“
© Marcus Auer

Die Bäume wachsen zwar langsam, sind aber stabil. Und weil sie bei mir freistehend wachsen, bilden sie schöne, breite Kronen, viele Äste und viele Früchte aus. Denn bei dieser Baumart wachsen viele Früchte im unteren Drittel des Baums, also genau in dem Bereich, der bei freistehenden Bäumen in der Regel besonders gut ausgeprägt ist.

Ein Zirbenbaum findet bei mir zwar nicht sein ökologisches Optimum, ist hier aber in seinem Toleranzbereich und funktioniert in diesem landwirtschaftlichen Kontext daher sehr gut – zumindest in kleinen Einheiten auf günstigen Standorten. Aus meinem Hof eine Zirben-Plantage zu machen, wäre dagegen absurd. Weil der Baum hier nicht im Optimum ist, würde uns die Plantage irgendwann zusammenbrechen.

Käme ich also auf die Idee, auf meinem Grund eine Zirben-Plantage anzulegen, weil der Holzpreis für die Zirbe so gut ist, wäre ich nur mehr damit beschäftigt, diese zu pflegen. Ständig müsste ich sie freischneiden – was für ein Aufwand! Wahrscheinlich würde ich mich fürchterlich über all das Unkraut aufregen und tagein tagaus schimpfen: „Verfluchte Birken! Verdammte Weiden *(Salix spp.)!*" Und trotz aller Mühen und Kosten: Früher oder später würde ein Schädling und/oder eine Krankheit daherkommen und sowieso alles zunichtemachen. Ende der Plantage.

Der Punkt ist: Das System wäre an diesem Standort zu groß. Die Zirbe ist hier in ihrem Toleranzbereich – ähnlich wie die Birne oder der Apfel – aber nie in ihrem Optimum. Eine Feige wiederum ist hier nicht einmal in ihrem Toleranzbereich. Die Feige kann ich vielleicht im Garten – *der Intensivstation* – oder an einer besonders geschützten Stelle, wie zum Beispiel an der Hausmauer durchbringen.

Als freistehender Baum dagegen hätte sie absolut keine Chance bei mir.

Daraus folgt: Wenn ich mit Arten arbeite, die am Standort im Toleranzbereich sind, muss ich mit kleinen Einheiten auf kleinen Flächen arbeiten. Sind sie im Pessimum, ist der Kontext ein gärtnerischer. Sind sie im Optimum, kann ich auch auf großen Flächen mit ihnen arbeiten.

Je mehr ich mich Richtung Optimum bewege, umso weniger Arbeit habe ich mit der Kultur.

Mit Exoten und sonstigen Spinnereien kann ich daher nur auf kleinen Flächen experimentieren – wobei das im kleinen Stil durchaus sehr interessant sein kann. Es muss mir aber bewusst sein: Je weniger standortangepasst die Kultur ist, umso mehr Ressourcen und Aufwand wird es brauchen, sie durchzubringen.

Deshalb ist für die Land- und Forstwirtschaft die Frage der Standortangepasstheit so zentral. Je weiter weg ich mich vom Optimum bewege, umso absurder wird es.

Würde ich bei mir 50 Hektar Feigen oder Marillen anbauen, würden alle Menschen zurecht sagen: „Josef, du hast einen kompletten Dachschaden!" Und ich könnte sie verstehen, denn diese Bäume wären hier sehr weit weg von ihrem Optimum.

Aber seien wir ehrlich zueinander: Wenn ich durch das Weinviertel fahre – ein Weinanbaugebiet, dessen höchste Erhebung der Buschberg mit 491 m ist – und dort eine Fichtenmonokultur sehe, einen Fichten-Altersklassen-Reinbestand, dann ist das nicht weniger absurd als ein Feigen- oder Marillen-Reinbestand bei mir auf 1.500 m.

Die Fichte ist dort weit weg vom Optimum. Sie ist in ihrem Toleranzbereich, wahrscheinlich im Grenzbereich zu ihrem Pessimum.

Josef A. Holzer: „Diese Obstbäume stehen auf 1.400 m Seehöhe in ihrem Toleranzbereich und wachsen hier wunderbar."

Natürlich können die Pflanzen an diesem Standort schnell wachsen, aber eine einzige längere Trockenphase und der Bestand bekommt großen Stress. Die Hitze ist zu groß, die Niederschläge sind zu gering.

Die Bäume bekommen auch deshalb Trockenstress, weil sie nicht auf die Winterfeuchte zurückgreifen können, denn es gibt dort keinen Schnee. Weil die Winter kürzer sind, beginnen Schädlinge schon früh im Jahr mit der Fortpflanzung und manche Insektenarten schaffen gleich mehrere Generationen in nur einem Jahr. Normalerweise würden die Schädlinge im Winter stark reduziert, da es in den Niederungen aber kaum Frost gibt, überleben viel mehr von ihnen als am Berg.

Kurz: Die Probleme, die der Standort verursacht, türmen sich auf, bedingen einander und verstärken sich gegenseitig.

ANFÄNGE IN JENNERSDORF VON SEPP HOLZER

Für mich und meine Frau Vroni war es logisch, den Krameterhof an die nächste Generation weiterzugeben. Schließlich ist man nicht Besitzer des Bodens, sondern nur dessen Pächter.

Ich kann ihn ja nicht mitnehmen, wenn meine Zeit gekommen ist und darum habe ich mich immer als Verwalter eines Hofes gesehen, den man irgendwann übergibt.

Ich denke, es ist mir gelungen, in meinen Kindern ein Interesse für die Natur und die Arbeit mit der Natur zu wecken. Das Wichtigste ist die Freude an dieser Arbeit und die findet jeder auf seine Weise.

Selbstverständlich macht die junge Generation die Dinge anders, aber auch das scheint mir nur logisch, denn sie ist es, die damit glücklich werden soll. Jeder Mensch hat seine eigenen Vorstellungen oder Ziele und darum sollte man auch niemanden dreinreden, wie er diese verwirklicht. Ideen brauchen Freiheit.

Seit 2009 bewirtschaftet mein Sohn Josef den Krameterhof. Und es ist seine Aufgabe, das so zu machen, dass es für ihn und seine Familie passt. Meine Frau und ich leben heute im Südburgenland. Das Grundstück haben wir schon vor 20 Jahren gekauft, aber hergezogen sind wir erst

Aufwachsen: Regina, Rosi und Frida am Krameterhof © Josef Holzer

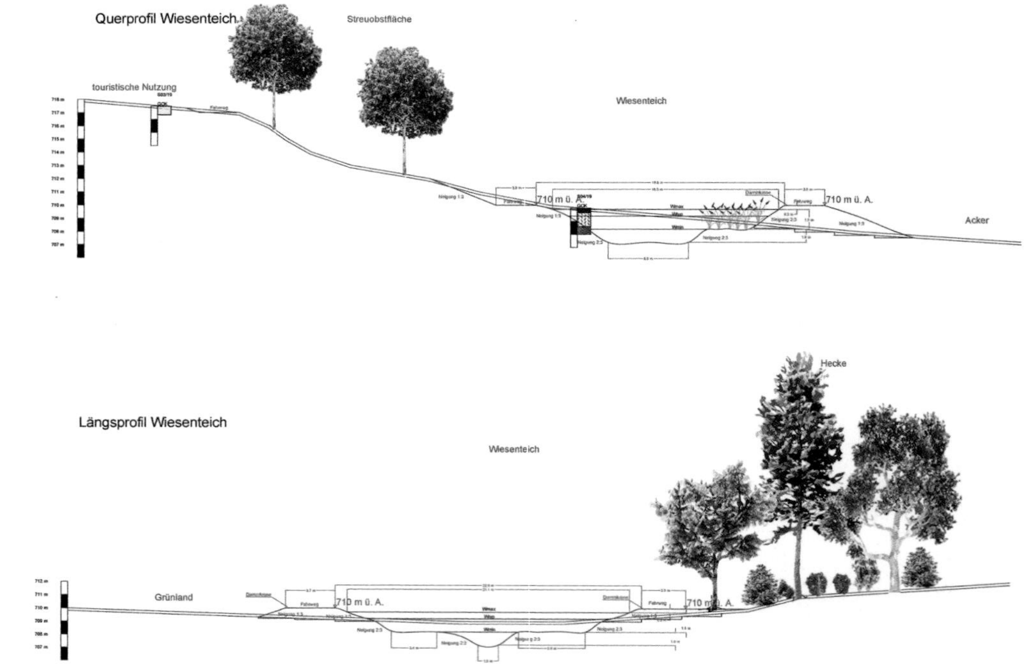

Abbildung 7: Profilschnitt – Planung von Terrassen und Teichen *© Josef Holzer*

vor etwa zehn Jahren. Es war damals in keinem guten Zustand: verwildert und sehr trocken. Jedenfalls gab es anfangs einiges zu tun.

Zuerst musste ich den Boden wieder auf Vordermann bringen, das heißt, der Natur dabei helfen, hier wieder Fuß fassen zu können.

Der Grund war erst abgewirtschaftet, also überbeansprucht worden und dann hatte man ihn zehn Jahre lang gar nicht bewirtschaftet. Man kann sich vorstellen, wie ungepflegt so etwas dann aussieht. *Pah!* – Nur die Brombeeren sind hier gut gewachsen und sonst *nix*. Ich musste die Fläche also wieder „in Schuss" bringen.

Als erstes habe ich mich auf den Niederschlag konzentriert, der in dieser Gegend eher gering ist. Er muss bestmöglich geerntet und am Grundstück gehalten werden, weshalb ich als erste größere Maßnahme Teiche und Terrassen gebaut habe.

Mein Grundstück befindet sich in einer Hanglage. Dank der Terrassierung kann der Boden den Niederschlag jetzt viel besser aufnehmen und speichern. Auf Terrassen kann sich Humus aufbauen, weil sie der Erosion – also dem Bodenabtrag – entgegenwirken. Außerdem helfen sie mir, das Gelände zu erschließen und zu bewirtschaften.

Zu unterschiedlichen Zeiten können die Terrassen unterschiedliche Aufgaben erfüllen:

Sie sind einerseits Anbaufläche – für Gemüse, Getreide oder Erdäpfel – und andererseits auch Weg, wenn ich einen brauche – beispielsweise für die Ernte, oder wenn ich Hecken und Bäume schneide. Diese wachsen auf der Böschung zwischen den Terrassen und sind ganz wesentlich

Fratten in Sepps Waldgarten © Marcus Auer

für mein System: Zunächst spenden sie Schatten, was in dieser Gegend besonders wichtig ist. Es gibt wenig Niederschlag und im Sommer steigt das Thermometer auf bis zu 40 °C. Unter solchen Bedingungen ist Schatten viel wert!

Weil das Grundstück lang verwaist war, waren etliche Bäume und Sträucher wild aufgegangen. Ich habe diesen Wildwuchs nicht sofort entfernt, sondern bin selektiv vorgegangen – das heißt, ich ließ einzelne Bäume stehen, damit sie den Boden und meine Kulturen beschatten.

Mittlerweile sind die Obstbäume, die ich damals gesetzt habe, schon groß und spenden selbst ausreichend Schatten, weshalb ich den Großteil des ursprünglichen Wildwuchses inzwischen entfernt habe. Aber am Anfang haben meine gepflanzten Obstbäumchen vom Wind- und Sonnenschutz ihrer *wilden Nachbarn* enorm profitiert.

Die Obstbäume und -hecken stabilisieren mit ihren Wurzeln meine Böschungen. Im Herbst verteilt sich ihr Laub auf den Terrassen und sorgt so für eine schützende Mulchschicht.

Außerdem sind die Gehölze wichtiger Lebensraum für Insekten und Vögel, auf deren Mitarbeit ich angewiesen bin. Aus diesem Grund belasse ich tote Äste, Baumschnitt, Totholz und dergleichen an Ort und Stelle – ich führe dieses Material nicht weg, sondern schichte es an Ort und Stelle auf.

Diese Konstruktion – im Lungau sagen wir „Fratten“ dazu – erinnert in ihrer Form an ein Hügelbeet. Sie fördert Käfer, Igel, Spinnen und viele andere Tiere.

Das lose geschichtete Material verrottet nur langsam und darunter kann sich wunderbarer Boden entwickeln. Früher habe ich den Fehler begangen, das Material zu schreddern, aber das ist völlig unnötig. Im Gegenteil: Ich habe die Erfahrung gemacht, dass zu klein geschnittenes bzw. gehäckseltes Material ungeeignet ist. Es zersetzt sich zu schnell und senkt in der Folge den pH-Wert im Boden. Außerdem wird in diesem Hackgut viel Stickstoff gebunden, wodurch die angrenzenden Pflanzen einen Mangel bekommen können. Viel einfacher und günstiger ist es, wenn man die Äste nur grob zusammenschneidet und das Zersetzen und Zerkleinern der Natur überlässt (siehe Foto).

Wie schon erwähnt, ist das Klima hier im Südburgenland zwar insgesamt günstig, der Niederschlag aber relativ gering. Mit mehr als 550 Liter pro Quadratmeter und Jahr ist nicht zu rechnen. Für mich als Bewirtschafter bedeutet das, dass ich mit diesem Wasser gut haushalten muss.

Waldgarten – Wohlfühlklima und reiche Ernte © Marcus Auer

Ich muss dafür sorgen, dass das Wasser so lange wie möglich auf meinem Grund verbleibt, damit es für mich arbeiten kann. Darum muss die Beschattung stimmen und vor allem auf den Humusaufbau geachtet werden.

Humusaufbau geschieht hier einerseits über Gründüngungen und andererseits über gezieltes, regelmäßiges Mulchen. Humus ist entscheidend, denn, wenn der Humusgehalt im Boden zu niedrig ist, kann er kein Wasser speichern – und ohne Wasser wächst nun einmal nichts.

Dasselbe gilt für die Sonnenstrahlung. Ich muss meine Kulturen so ausrichten, dass sie das Kapital der Sonne bestmöglich nutzen können. Bei der Bepflanzung ist somit unbedingt auf die Himmelsrichtung zu achten: Mein Grundstück zum Beispiel ist von Osten nach Süden ausgerichtet. Damit die Morgensonne keine Schäden anrichtet, muss ich diese meiden.

Grundsätzlich sind Obstgehölze lichthungrig, aber wenn sie – wie etwa Marille, oder Walnuss – besonders spätfrostempfindlich sind, muss man die frühe Morgensonne (Osten) meiden, denn diese regt die Pflanze zu einer frühen Blüte an und gerade diesen Effekt möchte ich ja vermeiden.

An einem Platz, der erst später im Frühling direkt von der Sonne beschienen wird, ist die Gefahr einer frühen – und somit spätfrostgefährdeten – Blüte wesentlich geringer.

Auch den Wind muss man in seine Planung einfließen lassen und in den Überlegungen berücksichtigen. Woher kommt er? Wann weht er? Wichtig ist, dafür zu sorgen, dass er gebremst wird, denn Wind nimmt dem Boden Wärme und vor allem – was oft unterschätzt wird – die Feuchtigkeit . Hecken und Bäume können gezielt eingesetzt werden, um die Kraft des Windes zu schwächen, sie um- oder abzuleiten.

Man sieht: Wenn man mit seinen Kulturen Erfolg haben will, muss man viele Faktoren und Parameter berücksichtigen, allen voran Wasser, Boden, Ausrichtung und Erreichbarkeit. Wenn du bei der Planung oder Bewirtschaftung Fehler machst – und das wirst du – verzweifle nicht, sondern stelle sofort um.

Fehler sind dazu da, sie in Zukunft zu vermeiden. Nicht alles gelingt auf Anhieb, denn jede Landschaft, ja, jedes Grundstück hat seine Eigenheiten und die erkennt man nicht alle sofort.

Mein Rat: Gehe mit offenen Augen durch deine Flächen. Dann lernst du zu sehen, was zu tun ist und was man besser hätte bleiben lassen sollen.

Du wirst Fehler machen. Das liegt in der Natur der Sache und muss so sein. Wichtig ist, dass man Fehler als solche erkennt und nicht so dumm ist, sie zu wiederholen.

ÜBER DEN BODEN VON SEPP HOLZER

Pack' eine Katze oder einen Hund am Schwanz und zieh daran. Was wird passieren?

Die Antwort kennt jeder. Umso seltsamer, dass wir die Natur zwar ständig *am Schwanz ziehen*, uns dann aber wundern, wenn sie uns *kratzt und beißt.*

Sie wehrt sich. Das ist doch nur logisch. Dann ist der Jammer groß und die Menschen verstehen nicht, was passiert ist: *„Warum sind meine Tiere krank? Warum geht es diesem Baum schlecht? Wieso vertrocknet mein Feld? Warum ernte ich so wenig?"*

Wenn du nicht lernst hinzuschauen, wirst du dumm sterben. Sofern man aber ein wenig Hirn und ein bisschen Gespür hat, ist es ganz einfach, die richtigen Antworten auf solche Fragen zu finden.

Stell' dir einfach vor, *Du* bist der Baum, *Du* bist das Rindvieh, *Du* bist der Regenwurm. Und auf einmal sieht die Welt ganz anders aus!

Du musst dich in deine Mitwelt einfühlen, wenn du etwas über sie erfahren willst.

Wer versucht, die Welt aus der Perspektive seiner Mitlebewesen zu betrachten und wahrzunehmen, kann zu ganz erstaunlichen Einsichten gelangen.

Dann kommt man vielleicht darauf, dass man aus falsch verstandenem Ordnungssinn seine Regenwürmer hat hungern lassen. Oder, dass man – ganz ohne Absicht – dem Baum das Wasser abgegraben hat.

Stellen wir uns vor, wir sehen eine schwache, kränkelnde Pflanze, meinetwegen eine Sonnenblume. Es geht ihr nicht gut. Sie lässt das Laub hängen. Ich schaue genauer hin und stelle fest, dass manche ihrer Blätter auch verkümmert sind. Daraus lässt sich ableiten, dass sie schon länger leidet. Nur warum und woran? Prüfen wir als nächstes den Boden. Rund um diese Pflanze ist er nackt, trocken und hart.

Nun suche ich in der Nähe nach einer gesunden Sonnenblume. Aha, hier ist schon eine.

Sie ist kräftig gewachsen, ohne erkennbare Schäden und offensichtlich voller Energie.

Wo ist der Unterschied zur kränkelnden Pflanze?

Ich sehe nach, welche anderen Pflanzen in direkter Nachbarschaft zu dieser vitalen Sonnenblume wachsen und finde Klee, Ampfer, verschiedene Kräuter – auch sie machen alle einen gesunden Eindruck. Dann grabe ich mit den Händen ein bisschen in der Erde neben der Pflanze und finde schnell den ersten Wurm. Diese Erde ist auch feucht, weich und daher ungemein lebendig.

Würde ich auch nur einen Löffel dieser dunklen Erde genauer untersuchen, würde ich darin Zigtausende unterschiedliche Kleinstlebewesen finden. Erst unter dem Mikroskop zeigt sich die unglaubliche Vielfalt, die in diesem Boden steckt.

Das ist ein lebendiger Boden, weshalb die Pflanze, die in ihm wurzelt, ebenfalls lebendig ist, sich wohl fühlt und gesund ist. Frisst nun ein Tier diese Pflanze, wird es sich ebenfalls wohl und gesund fühlen. Warum? Weil da Kraft im Futter ist – und Leben.

Böden dürfen nie nackt sein! Das ist entscheidend und kann gar nicht oft genug betont werden. Entweder der Boden ist bewachsen – was das Beste ist – oder er muss gemulcht sein. Denn wenn Boden nackt ist, ist er Sonne, Wind und Regen ausgesetzt und geht schließlich verloren. Darum findest du in der Natur auch so gut wie nie ungeschützte Erde beziehungsweise nackten Boden. Sie sorgt immer für eine Pflanzendecke oder – wie im Wald – eine Mulchschicht, die verhindert, dass Boden austrocknet und erodiert. Mulch – Erntereste, abgestorbene Pflanzenteile, Laub und anderes organisches Material – werden von Pilzen und dem Bodenleben aufgenommen, umgebaut und so schließlich zu Humus.

Gerade wenn es – wie schon seit Jahren zu beobachten ist – windiger, trockener und heißer wird, muss der Boden gut geschützt und die Humusschicht aufgebaut werden. Vielen ist das gar nicht bewusst, aber der Boden ist der wichtigste Wasserspeicher überhaupt! Und je höher der Humusgehalt, umso besser und schneller kann der Boden das Wasser aufnehmen und halten.

Wenn – wie bei Starkregenereignissen, die mit dem Klimawandel ebenfalls zunehmen – viel Wasser in kurzer Zeit vom Himmel fällt, ist es wichtig, dass der Boden es rasch aufnehmen kann. Das ist entscheidend, denn sonst nimmt der Regen den Boden mit. Und zwar so lange, bis irgendwann nur noch Steine und Sand übrig sind und gar nichts mehr wächst.

Ich habe das leider überall auf der Welt beobachten müssen. Es ist immer dasselbe.

Dagegen wirkt ein gesunder, humoser, gut durchwurzelter Boden wie ein Schwamm und bleibt daher lange feucht. Und ein feuchter, gut mit Nährstoffen versorgter Boden wiederum sorgt für ein üppiges Pflanzenwachstum, das das Bodenleben versorgt, den Boden durchwurzelt und ihn so vor Erosion durch Wind und Regen schützt.

PFLANZGEMEINSCHAFTEN UND MITLEBEWESEN VON SEPP HOLZER

Der Weg zum Erfolg führt über die Kooperation mit der Natur, soviel steht fest. Immer, wenn du mit der Natur in Kooperation bist statt in Konfrontation, nutzt du dir, deiner Familie, ja, der ganzen Mitwelt. Alles lebt und so sollte man es auch behandeln. Lass' dir nichts einreden, was der Natur schaden könnte. Und vor allem: Mach' deine eigenen Versuche und Beobachtungen, damit du nicht alles nachplappern musst und auf eigenen Erfahrungen aufbauen kannst.

Die Erfahrung ist die beste Lehrerin. Du wirst sehen: Mit der Erfahrung kommt der Erfolg und mit dem Erfolg die Freude an dem, was man macht.

Vor einigen Jahren bin ich mit meiner Frau Vroni vom Lungau ins Südburgenland gezogen, um hier etwas Neues aufzubauen. Die Ortsansässigen waren äußerst skeptisch und haben anfangs nur den Kopf geschüttelt: „Ja, was macht der denn da?! Was soll denn das? Was ist denn das? Bestimmt ein Blödsinn!"

Egal. Vom Gerede der Leute habe ich mich noch nie aufhalten lassen. Ich habe also rund 1.300 Obstbäume gesetzt – in allen möglichen Sorten und aus allen möglichen Ländern. Mich hat einfach interessiert, wie sie sich hier entwickeln würden und wie ihre Früchte schmecken.

Ausgelacht hat man mich. Dabei haben die Leute die meisten Pflanzen, von denen sie meinten, dass sie nicht ins Südburgenland passen würden, gar nicht erkannt oder auch nur gewusst, dass es sie überhaupt gibt!

Früchte aus Brasilien, China, Kolumbien, von weiß Gott wo. Die Pflanzen haben sich akklimatisiert und kommen, wie erhofft, mit dem Standort und dem hiesigen Klima gut zurecht.

Aus Erfahrung – teils auch schmerzlicher – weiß ich, welcher der jeweils „richtige" Platz für sie ist, und habe für Pflanzengemeinschaften gesorgt, in denen sich die Bäume wohlfühlen.

„Gemeinsam geht es besser als einsam", heißt es ganz richtig. Ein Baum, der allein steht, der schreit ja förmlich um Hilfe. Bäume wollen gemeinschaftlich aufwachsen. So können sie sich gegenseitig fördern und beschützten. Und wenn es nach einer gewissen Zeit tatsächlich zu viele auf zu engem Raum sein sollten, dann nimmt man einzelne Individuen eben wieder weg. Aber bis es so weit ist, hat jedes Mitglied der Pflanzengemeinschaft einen wichtigen Beitrag für das Gemeinwohl geleistet.

Man muss mit den Pflanzen und auch Tieren reden können. Damit meine ich freilich nicht, dass ich in der Früh rausgehe und meine Obstbäume mit „Guten Morgen!" begrüße. Aber ich gehe regelmäßig durch die Kulturen und schaue mir die Bäume genauer an. Wenn einer nicht ganz so gesund aussieht, frage ich: „Geht es dir gut? Nein? Wieso nicht? Was kann ich tun, damit es dir besser geht?"

Und wenn Dir die Antwort darauf nicht sofort einfällt, dann musst du morgen eben noch einmal hingehen und noch einmal fragen.

Spätestens nach ein paar Tagen wirst du bestimmt eine Lösung gefunden haben. Vielleicht begegnet sie dir im Traum oder beim Lesen. Bei mir ist das jedenfalls immer so, wenn mich eine Frage hartnäckig beschäftigt: Im Traum kommen die Antworten daher.

Stellt sich schließlich das Aha-Erlebnis, also die Erkenntnis ein, muss man reagieren und das jeweilige Problem möglichst sofort lösen. Bloß nicht zuwarten! Auch wenn gerade Sonntag oder sonst was ist – schnell anpacken. Das ist auch keine Arbeit, das ist mein Vergnügen, mei-

Sepp Holzer: „Geimeinsam geht es besser als einsam." © *Marcus Auer*

ne Freude. Manche nennen es auch „Hobby", aber in Wirklichkeit ist es viel mehr als das: Es ist meine Aufgabe.

Ich will, dass sich die Pflanzen und Tiere bei mir wohlfühlen und was auch immer dazu notwendig ist – ich sorge dafür. So lebe ich, so *er*lebe ich und so möchte ich das auch vermitteln.

Es geht mir nicht nur um mein eigenes Wohlbefinden, sondern auch um das meiner Mitlebewesen. Die brauchen auch etwas zum Leben und wenn ich ihnen nichts gebe, bin ich ein dummer Geizkragen.

Dazu ein Beispiel: Wenn ich nur kleinwüchsige Obstbäume habe, kann ich deren Früchte zwar aufwändig mit Netzen schützen und die Vögel abwehren, aber dann werden die Vögel hungern und hungrige Vögel richten erst recht Schaden an. Mitunter sogar großen, wie die Erfahrung zeigt. Sofern man genügend Platz hat, ist es daher viel besser, wenn man auch starkwüchsige, große, hochstämmige Obstbäume hat.

„Aber deren Früchte kann man gar nicht ernten! Die hängen doch viel zu hoch oben! Wie unpraktisch! Wie dumm!"

So reden die, die nicht verstanden haben, dass der Baum für beide genug liefert: Unten ernte ich – weiter oben der Vogel.

Er bekommt was – ich bekomme was. Man darf nicht geizig sein und muss seinen Mitlebewesen ihren Anteil lassen. So lebt man Vielfalt und so funktioniert nach meinem Verständnis auch das Renaturieren.

Renaturieren heißt, dass man der Natur etwas zurückgibt, dass man ihr Platz lässt und Möglichkeiten. Wenn ich also Vögel auf meinem Grund haben will – und das will ich, denn schließlich

Sepp Holzer: „Es ist genug für alle da!“ © Marcus Auer

sie sind der allerbeste Insektenschutz, den man sich wünschen kann – dann muss ich ihnen auch Lebensraum und Futter zugestehen.

In meinem System ist beides integriert und mir selbst bleibt immer noch mehr als genug – weit mehr jedenfalls, als ich brauche. So baut man Systeme auf, in denen nichts „überschüssig“ ist, oder „zu hoch oben“ wächst, denn in der Natur verkommt nichts – irgendwer bedient sich immer und nutzt, was da ist.

Mitunter findet man auf meinem Grund scheinbar Widersinniges. Immer wieder sieht man zum Beispiel Wein, der sich an einer Buche oder Eiche hochschlängelt – bis zu 15 Meter hoch.

„Ja was soll denn das? So hoch oben!? Wie willst Du denn die Trauben ernten?“, werde ich manchmal gefragt. „Gar nicht!“, ist meine Antwort. Denn das gehört den Tieren – der Amsel, der Drossel oder dem Star, aber ich brauche sie nicht. Der Wein macht mir im Übrigen keinerlei Arbeit und weil ich sie irgendwann selbst gezogen habe, hat mich die Pflanze selbst auch nichts gekostet. Anders ausgedrückt: Es ist ganz gleichgültig, dass die Früchte für mich unerreichbar sind.

Erstens habe ich dort, wo ich ernten möchte, ohnehin mehr als genug Trauben für mich und zweitens gibt es bei mir keine Verschwendung.

Im Kreislauf der Natur verkommt nichts! Denn irgendwer freut sich über das Futter: Ob Amsel, Reh oder Wurm, bei mir gibt es immer genug Abnehmer.

Wichtig ist, dass man vorsorglich mehr anpflanzt, als man eigentlich braucht. Dann muss man auch nicht jeden Strauch, jedes Gemüse und jedes Bäumchen verteidigen. Wenn man genug hat und laufend Überschüsse produziert, kann man auch viel großzügiger zu seiner Mitwelt und den Mitlebewesen sein.

Sepp Holzer: „Ich will, dass sich die Pflanzen und Tiere bei mir wohlfühlen und was auch immer dazu notwendig ist – ich sorge dafür.“ © Josef Holzer

WAS FÖRDERN WIR?

SYSTEMFEHLER VON SEPP HOLZER

Ich war zu einer Beratung in ein uraltes Kloster nach Heidelberg gerufen worden. Ein betagter Padre hat mich herumgeführt, damit ich mir ein Bild von den verschiedenen Anlagen dort machen konnte. Schließlich sind wir in einem Rinderstall gestanden. Die Kühe waren an der Kette und es war ein fürchterlicher Lärm im Stall.

„Was ist denn da los? Höre ich da eine Kuh, die kalbt?“, wollte ich vom Padre wissen. „Nein, das nicht, aber dort hinten ist eine Kuh, die tatsächlich erst gestern ihr Kalb zur Welt gebracht hat.“

Wir sind also hin. Auf der einen Seite des Stalls war ein Abteil, in dem das neugeborene Kalb plärrte und nach der Mutter rief. Die war gegenüber auf der anderen Seite des Gangs angebunden. Auch sie *weinte* – laut und bitterlich. Die beiden konnten einander zwar sehen, waren aber ein paar Meter voneinander getrennt.

„Wir machen das hier immer so“, erklärte der Padre, „wir melken die Kuh und geben dem Kalb die Milch dann mit der Flasche.“ Er zeigte mir noch andere Kühe, die man auf die gleiche Art von ihren Kälbern getrennt hatte. Daraufhin sagte ich: „Also das befremdet mich jetzt doch einigermaßen. Wir sind doch hier in einem Kloster. Gehört es nicht zu euren Überzeugungen, dass sich die Tiere hier wohlfühlen sollen und artgerecht gehalten werden? Dieses junge Kalb hier, das weint. Und das kostet ihm enorm viel Energie und somit Gesundheit. Und bei der Mutter ist es dasselbe.“ Das sei aber nur die ersten paar Tage nach der Geburt so, danach höre sich das auf, wurde mir erklärt. Aha.

Am nächsten Tag, habe ich dem verantwortlichen Abt des Klosters gesagt, dass mir diese Art der Kälberhaltung absolut nicht gefällt. Er erklärte mir, dass diese Maßnahme die Kühe schütze, denn ansonsten würden die Kälber die Zitzen der Kühe „zerbeißen“.

„Nein, die Zitzen werden nicht *zerbissen*! Wie war es denn früher? Vor der Anbindehaltung, als die Kühe noch auf der Weide waren? Das ist eine völlig falsche Einstellung den Tieren gegenüber“, habe ich zu dem Abt gesagt und ihm erklärt, dass Kuh und Kalb fürchterlich unter dieser Trennung leiden.

„Das finde ich nicht richtig, das geht den Tieren an die Substanz. Das macht sie krank, anfällig. Sie haben sehr starke Schmerzen und es kann sogar passieren, dass euch das Kälblein dabei zugrunde geht.“ Daraufhin wurde der Abt ganz still.

Nach einer Weile nickte er und sagte: „Ja, das ist sogar schon ein paarmal vorgekommen.“

Ich habe ihn dann zum Krameterhof geschickt, damit er sich selbst ein Bild davon machen kann, wie es anders geht. Tatsächlich ist er und seine ganze Mannschaft sogar zweimal auf den Hof gekommen. Später meinte er, ihm seien dort „die Augen aus dem Kopf gefallen“. Jedenfalls hat der Abt danach die gesamte Tierhaltung in seinem Kloster umstellen lassen. Nicht nur die Kälberhaltung, auch die Schweinemast, die Schlachtung, die Fischzucht – alles.

Als Mensch bist du ein denkendes Wesen. Die Natur hat dir einen Auftrag gegeben. Den begreifen die meisten aber nicht. Darum fragen

Sepp Holzer: „Jedes Lebewesen hat ein Recht auf ein gutes Leben." © Marcus Auer

sie die Sterne, den Mond, den Herrgott oder sonst wen, was sie tun sollen. Ich brauche das alles nicht. Denn der einfachste, beste und für mich richtige Weg ist es, sich in sein Gegenüber hineinzuversetzen.

Ob Kleinstlebewesen, Wurm, Pflanze, Biene, Vogel, Hirsch, Reh oder Kuh – ganz gleich – ich empfinde es als meine Verpflichtung, darauf zu achten, dass es ihnen allen bei mir gut geht. Und zwar so gut wie möglich.

Jedes Lebewesen hat das Recht, gut und gesund leben zu können. Jedes. Vom kleinsten bis zum größten – du und ich natürlich auch. Das muss man verinnerlichen, begreifen und leben.

Hast du schon einmal eine Kuh lachen gesehen? Nein? Können sie nicht? Doch, Kühe lachen. Und zwar dann, wenn sie sich so richtig wohlfühlen. Die Kuh sucht sich auf der Weide einen Platz, der ihr behagt – auf einer Anhöhe zum Beispiel. Dort lässt sie sich nieder, entspannt sich und beginnt mit dem Wiederkäuen. Wer die Mimik dieser Kuh beobachtet, wird sehen, dass es ihr gut geht, dass sie *lacht*.

So. Jetzt gehen wir weiter. In einen hochmodernen Industrie-Stall. Da steht auch eine Kuh. Sie lässt die Ohren hängen, wirkt niedergeschlagen. Sie kann sich kaum bewegen und ist voller Dreck, weil sie keine Möglichkeit hat, sich irgendwo abzuputzen. Schau sie dir an: Diese Kuh schreit um Hilfe.

Egal ob Kuh, Schaf, Pferd, Sau oder Hirsch – jedes Tier zeigt dir mit seinem Körper, seiner Mimik und seinem Verhalten, ob es ihm gut geht oder schlecht. Sie tun das auch mit ihren Ausscheidungen.

Wenn ein Tier zum Beispiel Durchfall hat, dann gibt es dafür auch eine Ursache. Und diese Ursache ist meistens falsche Haltung, falsches Futter, Stress, falscher Umgang. Dass auch Tiere gesunde Nahrung, frische Luft, Platz, Sonnenlicht und Aufmerksamkeit brauchen, haben die meisten offenbar vergessen und verdrängt.

Allein zum Thema Tierhaltung könnte ich einen Tag lang sprechen und wäre dann wahrscheinlich noch immer nicht am Ende, weil es dabei so vieles zu beachten gibt. Das meiste davon lernt man erst mit der Zeit und Fehler bleiben da nicht aus. Dass man einen Fehler gemacht hat, zeigen dir die Tiere sofort. Man kann eindeutig sehen, wenn sie sich nicht wohl fühlen. Dann sind sie belastet und werden schnell krank. Und darunter leidet in der Folge natürlich auch die Qualität von Fleisch, Milch und Kalb.

Massentierhaltung ist ein Verbrechen und muss sofort verboten werden. Was manche Bauern heute im Stande sind ihren Tieren anzutun, ist entsetzlich! Was steckt dahinter? Eine Politik der Gier und Unvernunft – so dumm und blöd, dass man sich schon schämen muss, selbst ein Mensch zu sein. Ich bin viel herumgekommen – auf allen Kontinenten habe ich gearbeitet – und Massentierquälerei gibt es heute leider überall auf der Welt.

Wenn die Menschen bloß sehen könnten, wie unwürdig diese Tiere gehalten werden, deren Fleisch wir aus weiß Gott wo importieren. Egal ob in Russland, der Ukraine oder den U.S.A., Brasilien, Ecuador oder Argentinien – es ist grauenhaft, was diese Tiere mitmachen! In diesem industriellen System wird das Tier ausschließlich als Ware angesehen, nicht als Wesen, das lebt, fühlt, leidet. Als wüssten wir nicht, dass diese Tiere genauso Schmerz empfinden wie wir Menschen. Dabei ist Tierleid absolut unnötig und vermeidbar!

Ich habe schon sehr viel geschlachtet in meinem Leben und kann sagen: Der Tod tut nicht weh. Die Todesangst aber, die ist eine Katastrophe für das Lebewesen. Die kann ich ihm aber ersparen, wenn ich es nur richtig anstelle. Die Fleischindustrie aber macht genau das Gegenteil: Sie quält das Tier systematisch. Von der Geburt an bis zum Ende – ohne Gespür, ohne Mitgefühl für das Mitlebewesen.

Diese Industrie quält nicht nur die Tiere. Aus Profitgier zerstört sie mit Gewalt das wertvollste, das wir besitzen: unseren Grund und Boden – den einzigen Lebensraum, den wir Menschen haben. Sie lügt, betrügt, hat keine Achtung vor der Natur und nimmt keine Rücksicht. Nicht auf den Boden, nicht auf Pflanzen, Tiere oder Menschen. Dieses System macht alles kaputt.

Können wir das zulassen?
Wollen wir so blöd sein?
Was meinst Du?

WAS IST WIRTSCHAFTLICHER? VON JOSEF A. HOLZER

Kommt man auf das Thema *naturnahe Landwirtschaft* zu sprechen, wird man schnell mit Zweifeln an deren Wirtschaftlichkeit konfrontiert. Angeblich sei die konventionelle Landwirtschaft, also jene, die sich an den Interessen der Agrarindustrie orientiert, viel ökonomischer, *wettbewerbsfähiger*. Aber stimmt das auch? Was ich dort sehe, ist eine *Förderwirtschaft*. Denn ohne Förderungen käme die Land- und Forstwirtschaft heute nicht zurecht.

Auch deshalb muss die Frage lauten: Können und wollen wir uns konventionelle Landwirtschaft noch länger leisten?

Zu hinterfragen ist einerseits die Wirtschaftlichkeit der Produktion, die über Förderungen gestützt wird, und andererseits das Abfedern der Risiken durch die öffentliche Hand.

Es wird auf den Ertrag fokussiert und wenn ein Schadensfall eintritt, wenn beispielsweise Dürren oder Überschwemmungen Ernten vernichten, oder Borkenkäfer ganze Landstriche *auffressen*, wird reflexartig nach dem helfenden Staat gerufen, der diese Verluste ausgleichen soll.

Das hat dazu geführt, dass kein Risikobewusstsein mehr vorhanden ist und man auch nach einem Schaden weitermacht wie bisher. Ganz so, als wäre nichts geschehen, als gäbe es keine Verantwortlichkeit.

Das zugrundeliegende Muster ist bekannt: Gewinne werden privatisiert – Risiken und Verluste vergesellschaftet. Insofern ist das Argument, die konventionelle Land- und Forstwirtschaft sei wirtschaftlicher als eine naturnahe, nicht nur unfair, sondern auch einfach zu widerlegen.

Jahrzehntelang wurde auf die wichtigsten Faktoren der Landbewirtschaftung keine Rücksicht genommen. Die naturräumlichen Gegebenheiten, die sogenannten Standortfaktoren wie Boden, Klima, Wasser, haben in den Überlegungen der Bewirtschafter so gut wie keine Rolle gespielt. Auf die Abläufe und Ansprüche der Ökosysteme, die unsere Produktion ja erst ermöglichen, wurde nicht geachtet. Und genau das kommt uns heute teuer zu stehen, wie man am Beispiel der Holzindustrie sieht. Deren Entscheidungen haben enorme ökonomische und ökologische Auswirkungen.

Agrarförderungen EU

Mehr als ein Drittel ihres Haushaltsbudgets gibt die Europäische Union jedes Jahr für Agrarsubventionen aus, die somit den größten Posten im EU-Haushalt ausmachen.

Für die Periode 2021 bis 2027 sind 387 Milliarden Euro für Agrarsubventionen vorgesehen, das entspricht 31 % des Gesamthaushalts.

Ein europaweites Rechercheprojekt (*Frag den Staat & Arena for Journalism in Europe*) hat nachgezeichnet, dass die Zahl der Empfänger von EU-Agrarsubventionen im Laufe der Jahre abgenommen hat. Immer weniger Empfänger, die immer größere Flächen bewirtschaften, erhalten immer höhere Summen. Es gilt der Grundsatz: je mehr Fläche, umso mehr Fördergelder.

Die obersten 0,1 % – in Summe etwa 17.000 Großbetriebe – erhielten in der vergangenen Förderperiode insgesamt 70 Milliarden Euro, also 15 % der Gelder. Auf das oberste 1 % entfielen gar 35 %, bzw. mehr als 160 Milliarden Euro. Kleine Betriebe, die unteren 50 %, erhielten zusammengenommen nur 1 % der landwirtschaftlichen Subventionen der EU.

Abbildung 8: Josef A. Holzer: „Wie alle Bäume brauchen auch die Fichten viel Platz für ein gesundes Wurzelwachstum – Platz, der den meisten Bäumen heute nicht zugestanden wird.“

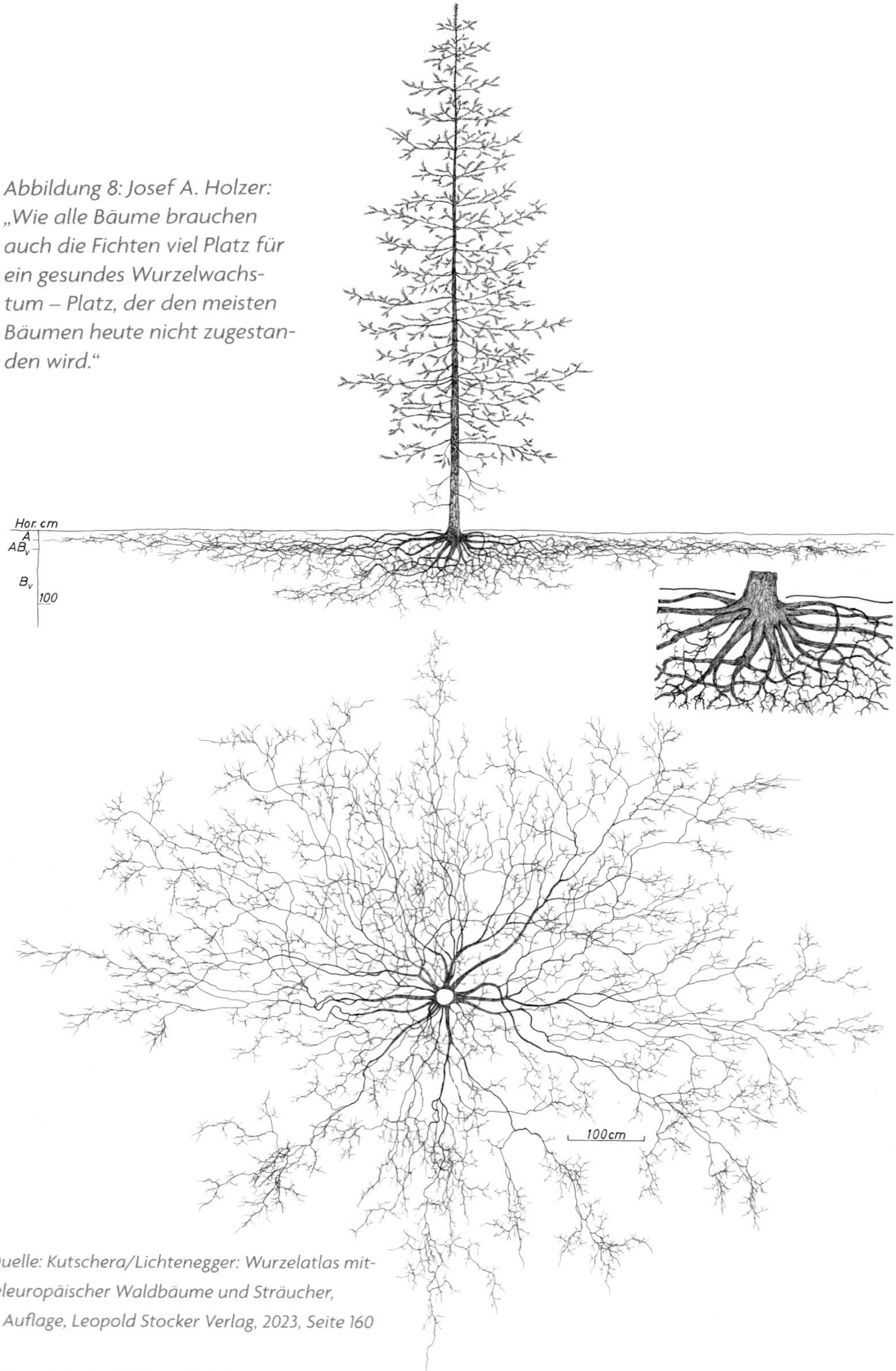

Quelle: Kutschera/Lichtenegger: Wurzelatlas mitteleuropäischer Waldbäume und Sträucher, 3. Auflage, Leopold Stocker Verlag, 2023, Seite 160

Die Fichte ist ein wunderschöner Baum mit viel Potenzial. Sie bildet schönes Holz und ein ebensolches Wurzelsystem – allerdings nur auf geeigneten Standorten und bei genügend Platz. Instabil und schädlingsanfällig dagegen ist die Fichte überall dort, wo sie nicht hingehört.

Im Ertragswald liegt ihr Anteil derzeit bei 57 %, was die Fichte zu *der* bestimmenden Baumart macht. Auch bei mir, im Lungau: Blicke ich auf den Hang gegenüber, blicke ich auf einen Nordhang, der beinahe ausschließlich mit Fichten besetzt ist – nur vereinzelt sind Lärchen auszumachen. Dieser Wald beginnt auf einer Seehöhe von gut 1.000 Meter Seehöhe und reicht hinauf bis etwa 1.900 Meter. Von ganz unten bis ganz oben ist es ein und dasselbe Bild: Überall sehen wir Fichten.

Gearbeitet wird dort seit Dekaden mit Kahlschlägen und Altersklassenbeständen. Kurz: Es handelt sich dabei um eine Plantagen-Wirtschaft. Die allermeisten Menschen sehen darin kein Problem. Ja, es fällt ihnen wohl gar nicht weiter auf.

Aber gehen wir noch weiter, schauen wir uns den gegenüberliegenden Südhang an – auch hier dasselbe Bild.

Wir könnten aber noch weitergehen und jetzt die nächsten 150 Kilometer das Murtal entlangfahren, und dann weiter ins Mürztal und auf beiden Seiten des Tals – egal ob Süd- oder Nordhang – würden wir immer nur denselben Wald mit fast ausschließlich derselben Baumart vorfinden.

Egal ob Nordhang oder Südhang, Tal- oder Gipfellage, flach- oder tiefgründiger Boden – überall sieht die Vegetation gleich aus. Kann das sein? Sind Faktoren wie Geologie, Morphologie, Exposition und Klima völlig egal? Nein.

Bei solchen Strukturen sind Zusammenbrüche die logische Folge und keine „Naturkatastrophe".

© Josef Holzer

Josef A. Holzer: „Würde man ehrlich bilanzieren – also inklusive aller Förderungen und Entschädigungszahlungen – käme man zu dem Schluss, dass die gegenwärtige Forstwirtschaft volkswirtschaftlich betrachtet überhaupt keinen Sinn ergibt."

Mit Natur hat diese Eintönigkeit *natürlich* nichts zu tun. Da jeder Standort ein bisschen anders ist, würden ohne menschliche Eingriffe und je nach Situation unterschiedliche Baumarten beziehungsweise Pflanzengesellschaften Fuß fassen.

Das heutige Erscheinungsbild ist das Resultat von Entscheidungen, die nicht besonders weitsichtige Menschen vor vielen Dekaden und auf Basis rein ökonomischer Überlegungen getroffen haben.

Die Folgen sind gravierend: Laut offizieller Holzeinschlagsmeldung wurden im Jahr 2022 rund 19 Millionen Festmeter Holz geerntet, wobei der Schadholzanteil bei circa 7,3 Millionen Festmetern lag. Mehr als ein Drittel des Holzes war Schadholz. 2018 waren es 50 % und 2019 betrug der Schadholzanteil sogar 60 %.

Ist *das* wirtschaftlich?

Ich behaupte, dass unter den Regeln der Marktwirtschaft diese Plantagenwirtschaft nicht existieren und die heimische Holzwirtschaft völlig anders aussehen würde. Nun haben wir in diesem Bereich aber keine Marktwirtschaft, sondern sehen, wie überall im Agrarsektor, eine staatlich geförderte Planwirtschaft.

Die Holzindustrie gilt als systemrelevant und Ertragseinbußen durch Schäden werden über Entschädigungszahlungen abgepuffert.

Gefördert werden nicht nur die Anlage, sondern auch alle Pflegeschritte, die Infrastruktur sowie der Transport. Mit staatlich gefördertem Diesel wird Holz durch halb Europa transportiert: Schadholz aus Norddeutschland wird zur Weiterverarbeitung bis nach Österreich gefahren! Selbst der Preis des Holzes wird von staatlicher Seite gestützt, nämlich immer dann, wenn besonders viel Schadholz den Marktpreis drückt.

Diese Absurditäten machen einzelne Menschen reich, vor allem in der holzverarbeitenden Industrie, die sich über einen konstant niedrigen Rohstoffpreis freuen können. Für Normalverbraucher hingegen sind die Brennholzpreise nicht einmal in den großen Kalamitätsjahren gesunken. Und dass, obwohl deutsche Waldbesitzer oft weniger als 30 Euro pro Festmeter hochwertigem Fichtenholz bekommen haben – ein Betrag, der bestenfalls die Erntekosten deckt.

Würde man ehrlich bilanzieren – also inklusive aller Förderungen und Entschädigungszahlungen – käme man zu dem Schluss, dass das volkswirtschaftlich betrachtet überhaupt keinen Sinn ergibt.

Jetzt ruft die Forstwirtschaft: „Der Klimawandel macht den Wald kaputt!" Und wirklich, sie bekommen wieder eine Förderung, diesmal eine, die den Waldumbau zum Ziel hat. Hunderte Millionen Euro werden in diverse Fördertöpfe gepumpt, „damit der Wald klimafit wird!" Fehler der Vergangenheit sollen mit diesem Geld wiedergutgemacht werden. Aber wer profitiert am meisten von dieser Maßnahme? Waldbesitzer, die vor kurzem noch die größten Schweinerein angestellt haben.

Sie sind an die extremen Grenzen gegangen, haben selbst in den trockensten Gegenden tausende Hektar Fichten-Reinkultur pflanzen lassen und dabei die Risiken einfach ignoriert – oder wohlkalkuliert in Kauf genommen.

Jetzt, nach der Bruchlandung heißt es: „Das konnten wir doch nicht wissen!" Schon arbeiten sie daran, ihre Fehler zu wiederholen. Mit den Förderungen aus den Waldumbau-Töpfen entstehen wieder Monokulturen. Alles wie zuvor – nur die Baumart könnte sich ändern. „Die Fichte hat versagt, versuchen wir es mit der Atlas-Zeder oder der Douglasie."

Großflächige Schäden – Josef A. Holzer: „Daran ist nicht der Klimawandel schuld, auch wenn diese Ausrede den Verantwortlichen sehr gelegen kommt." *© Josef Holzer*

Noch lieber wäre ihnen eine neue, gentechnisch veränderte, „*trockenheitsresistente Fichte*". Die Hoffnung ruht dabei auf Technologien wie der *CRISPR/Cas-Methode*, die es möglich macht, gewünschte Gene gezielt anzusteuern und diese ein- oder auszuschalten.

Sie haben nichts aus ihren Fehlern gelernt, halten immer noch am Prinzip Monokultur fest und kümmern sich nicht darum, was Wald ist, was er braucht, wie er funktioniert. Kein Naturverständnis. Keine Auseinandersetzung. Keine Reflexion.

Zur Frage der Wirtschaftlichkeit gibt es noch einen Aspekt, in dessen Licht der verantwortungsvolle, nachhaltige Zugang zur Landnutzung weit produktiver dasteht als der konventionelle. Dabei geht es um die Frage der effektiven Flächennutzung. Es ist keine Kunst, hohe Erträge zu erwirtschaften, wenn dafür große Investitionen zur Verfügung stehen.

Im Wesentlichen funktioniert das agrarindustrielle System nach dem immer gleichen Schema: Viel Input = viel Output. Dabei lenkt der Blick auf die vermeintlich reiche Ernte von der Tatsache ab, dass, am Aufwand gemessen, der tatsächliche Ertrag gar nicht so berauschend ist. Eine genauere Betrachtung und korrekte Bilanzierung, die auch die produktionsbedingten

Kollateralschäden miteinbezieht, relativieren die vermeintlichen Gewinne beträchtlich.

Die naturnahe Landwirtschaft baut auf einem gänzlich anderen Prinzip auf, dem *Optimumprinzip*. Dieses besagt, dass mit *möglichst* geringem Aufwand *das bestmögliche* Ergebnis erzielt werden soll. Im Englischen gibt es dafür den treffenden Begriff *Low-Input-Farming*.

Auf Mangel reagiert die Natur mit Diversität. Es ist ihre Strategie mit begrenzten Ressourcen umzugehen. Herrscht Mangel, reagiert die Natur nie mit *mehr vom gleichen*, sondern mit Verschiedenartigkeit, mit Artenvielfalt.

Die verschiedenen Arten besetzten und nutzen Nischen im System, wodurch auch auf Mangel-Standorten sehr hohe Produktivität möglich wird. Dieses Prinzip kann man auch in der Landwirtschaft nutzen. Wer aus (vermeintlich) wenig viel machen will, setzt also auf Diversität und Komplexität.

Um das zu veranschaulichen, ein Beispiel:

Stellen wir uns einen Bauern vor, der eine Fläche bewirtschaftet, die ausreicht, um 20 Rinder zu ernähren. Der Bauer muss eines Tages feststellen, dass er und seine Familie von diesen 20 Rindern wirtschaftlich nicht leben können. Wie kann er reagieren?

Die einfachste Lösung: Er kann versuchen, mehr Rinder zu halten. Und tatsächlich ist das der Weg, der auch am häufigsten eingeschlagen wird. Allerdings führt der zu zahlreichen Problemen.

Das betrifft zum einen die Haltung selbst, denn es wird zu eng und die Tiere finden nicht mehr den Platz, den sie eigentlich brauchen, um ein art- und tiergerechtes Leben führen zu können. Sie fühlen sich nicht mehr wohl und sind vielleicht nicht mehr so gesund.

Da die Tiere zu dicht bestückt sind, verursachen sie Schäden auf den Flächen – sie zertreten und verdichten den Boden.

Ein weiteres Problem ist, dass die eigene Fläche nicht ausreichend Nahrung für alle Tiere bereitstellen kann. Daher muss Futter – als Produktionsmittel und essenzielle Ressource – von außen zugekauft werden. Kurz: Das System wird immer problematischer, störungsanfälliger und schafft neue Abhängigkeiten. Ein eigenverantwortliches, nachhaltiges Wirtschaften ist unter solchen Voraussetzungen nicht mehr möglich.

Vernünftiger wäre es daher, die Intensivierung bleiben zu lassen und den Mangel stattdessen über Vielfalt auszugleichen.

Um bei unserem hypothetischen Fall zu bleiben: Es gibt unzählige Betriebszweige, die sich mit Rindern kombinieren lassen und die nicht in Ressourcenkonkurrenz zu ihnen stehen.

Man könnte beispielsweise einige Bienenvölker in die Betriebsstruktur integrieren. Sie sorgen für ein regelmäßiges, zusätzliches Einkommen, konkurrieren aber nicht mit den Rindern. Dasselbe gilt für eine ganze Reihe anderer Betriebszweige, die sich, je nach den spezifischen Gegebenheiten, beziehungsweise den persönlichen Vorlieben und Fähigkeiten, einbinden lassen. So kann auf ein und derselben Fläche neben- oder nacheinander eine in der Gesamtsumme erstaunlich produktive Wertschöpfung stattfinden.

Bei mir am Krameterhof – er ist circa 45 Hektar groß – finden sich ebenfalls Weiderinder, aber eben auch Honigbienen, bewirtschaftete Teichanlagen, Gemüse- & Kräuteranbau, Ackerkulturen, Obstbäume und vieles mehr. Ich arbeite mit verschiedenen Tieren, die unterschiedliche Nischen meines Systems besetzten. Derzeit sind das Schweine, Schafe, Pferde, Rinder, Hühner, Gänse, Enten, Puten, Fische und Edelkrebse.

Sie erschließen und verwerten Ressourcen, die ich sonst nicht (oder nur bedingt) nutzen könnte.

Mein Betrieb setzt nie *alles auf eine Karte* und könnte daher auch den Teil- oder Totalausfall eines Produktionszweiges verkraften. Er ist flexibel und erlaubt mir, rasch zu reagieren, wenn sich die Rahmenbedingungen ändern.

Mein Flächenmanagement setzt immer auf ein vielfältiges, produktives Miteinander – genauso, wie es die Natur vormacht: Der Mangel – in diesem Fall ist es der Mangel an Fläche, also die natürliche Flächenbegrenzung – wird ausgeglichen durch Diversität. Das ist der Schlüssel, denn mehr vom gleichen kann und wird auf Dauer nicht funktionieren und würde mich in Abhängigkeiten zwingen, die mir widerstreben.

„Ist doch logisch!", möchte man meinen und diesen Befund als banal abtun. Und doch ist es so, dass die allermeisten konventionellen Betriebe heute nur ein oder zwei Produkte herstellen. Von Diversifizierung keine Spur.

Die Spezialisierung – als Folge einer marktgerechten Rationalisierung – gibt gegenwärtig vor, wie, was, wann und wo produziert wird. Die meisten Betriebe sind massiv von externen Inputs, sogenannten Produktionsmitteln, abhängig.

Viele Landwirte müssen zusehen, wie sie zu Zulieferern für die Lebensmittelindustrie degradierte werden und es gibt zahllose Betriebe, die kaum noch ein Mitspracherecht auf ihren Höfen haben, weil diese im Grunde schon der Bank und nicht mehr ihnen selbst gehören.

Das muss sich schleunigst ändern, denn was wir heute dringender denn je brauchen, sind mehr eigenständige Bauern und Bäuerinnen.

Kleinstmähdrescher bei der Ernte eines Roggenfeldes am Krameterhof *© Josef Holzer*

MEHR HIRN PRO HEKTAR VON JOSEF A. HOLZER

Mineralische Dünger, Pestizide, Fungizide – viele Bauern sind heute in erster Linie Anwender agrochemischer Produkte. Diese werden aber nicht etwa deshalb gekauft und eingesetzt, weil die Anwender immer genau wüssten, was sie bewirken. Oft genug reicht es, dass die Beraterin oder der Verkäufer sagt: „Jetzt nimmst du das."

Ein gutes Beispiel dafür ist das jährliche Ritual des Kalkens: Ist die Zeit gekommen, dass in den Branchenblättern die ersten Artikel über die ertragssteigernde, gar „notwendige", Wirkung des Kalkens auftauchen, wird die Landschaft bald weiß.

Ist das Kalken für die eigene Kultur und die eigenen Böden nötig, sinnvoll oder vielleicht sogar kontraproduktiv? Um das zu wissen, bräuchte es grundlegende Kenntnisse in Bodenkunde und regelmäßig durchgeführte Bodenanalysen. Stattdessen wird auf Basis eines Artikels entschieden. Ob es sich dabei um einen fundierten Fachartikel oder doch um eine „getarnte" Werbeeinschaltung handelt, wird selten hinterfragt.

Wenn dort zu lesen ist: „*Um die Bodenfruchtbarkeit zu erhalten, ist regelmäßiges Kalkstreuen notwendig. Jetzt, nach der Ernte, ist der richtige Zeitpunkt dafür!*", dann wird das wohl stimmen. Und praktischerweise werden entsprechende Produkte just zum Aktionspreis angeboten – im selben Magazin versteht sich, gleich neben dem „Artikel" über das Kalken.

Im Gespräch mit Menschen, die sich zwar grundsätzlich für die Thematik Landwirtschaft und Nahrungsmittelerzeugung interessieren, aber aus ganz anderen Sparten kommen, fällt mir oft auf: Immer, wenn ich über Grundsätzliches rede – wie die Wichtigkeit von Fruchtfolgen für die Bodenfruchtbarkeit, Probleme mit Monokulturen, Überdüngung etc. – gehen stets alle davon aus, dass solche Basics, also die Grundlagen für die Arbeit mit dem Boden, in unserer Branche ohnehin alle wüssten. Dem ist aber nicht so – bei Weitem nicht.

Im Gegenteil: Es ist offensichtlich, dass es gegenwärtig viel zu wenige *Überzeugungstäter* in der Land- und Forstwirtschaft gibt. Damit meine ich Bauern und Bäuerinnen, die mit Hirn, Herz und Leidenschaft an die Arbeit gehen und sich aus eigenem Antrieb mit der Natur beschäftigen. Das Interesse fällt zusehend dem Leistungsdruck zum Opfer.

Heute arbeitet nur mehr ein Bruchteil der Bevölkerung in diesem Sektor. Das bedeutet, dass immer weniger Menschen immer größer werdende Flächen betreuen müssen. Da bleibt meist keine Zeit mehr für eine intensivere Auseinandersetzung mit komplexen Sachverhalten und Fragestellungen.

Gleichzeitig wird die Landwirtschaft mehr und mehr geprägt von Großmaschinen und Automatisierung. Kreativität ist in dieser Fließbandarbeit nicht gefragt und täglich zwölf Stunden im Traktor über den Acker zu brettern, führt auch nicht unbedingt zu mehr Verständnis für Naturprozesse. Dabei gibt es in der Landwirtschaft viele spannende, komplexe Themenfelder, die zu bearbeiten sich lohnen würde.

Es macht einen gewaltigen Unterschied, ob man lediglich weiß *wie* oder auch versteht, *warum* man etwas macht – oder vielleicht auch besser sein lässt.

Seit 1970 ist die Zahl der landwirtschaftlichen Betriebe in Österreich um mehr als die Hälfte geschrumpft. Gleichzeitig hat die durchschnittliche Betriebsgröße stetig zugenommen. Aktuell sind hierzulande nur noch etwa vier Prozent der erwerbstätigen Bevölkerung in der Land- und Forstwirtschaft beschäftigt – im Nachbarland Deutschland waren es 2020 gar schon weniger als zwei Prozent.

Angesichts dieser Zahlen kann man sich vorstellen, wie beengt es in diesem Sektor zugeht und wie verbandelt die Akteure in diesem System sind. Unter solchen Rahmenbedingungen – die Wege zwischen Industrie, Politik und Handel sind sehr kurz – macht sich Lobby-Arbeit schnell bezahlt. Die Versuche alle früh auf Schiene zu bringen, setzen schon in der Ausbildung an. Dort wird häufig ein verengtes Bild davon gezeichnet, wie eine erfolgversprechende Landbewirtschaftung auszusehen hat: Der Ertrag beziehungsweise die Marge steht über allem.

Die Betriebe, aus denen viele der Schülerinnen und Schüler kommen, sind oft derart spezialisiert, dass eine umfassendere Ausbildung, die es ermöglichen würde, die eigene Ausrichtung in Frage zu stellen, gar nicht eingefordert wird.

Wir brauchen dringend mehr Menschen in der Landwirtschaft, die sich nicht damit begnügen, vorgegebene Arbeitsabläufe korrekt zu erfüllen, sondern ein tieferes Verständnis für die Materie aufbringen können und wollen.

„Bauernsterben“ in Österreich

- Von 1960 bis 2020 haben im Schnitt **täglich elf** (!) land- und forstwirtschaftliche Betriebe geschlossen. In den letzten zehn Jahren wurde der Trend gebremst: Von 2010 bis 2020 haben täglich **„nur mehr“ fünf** Betriebe zugemacht.
- Die österreichische Land- und Forstwirtschaft hat in den vergangenen 70 Jahren Dreiviertel ihrer Arbeitskräfte verloren. 2020 waren insgesamt noch 420.018 Personen in der Land- und Forstwirtschaft tätig, davon waren 336.015 familieneigene Arbeitskräfte.
- 2020 gab es in Österreich 154.953 land- und forstwirtschaftliche Betriebe – 36 % davon im Haupterwerb. 93 % sind Familienbetriebe. Mehr als ein Drittel (35 %) aller Betriebe wurden von Frauen geführt.
- 83 % der Betriebe bewirtschaften weniger als 50 ha land- und forstwirtschaftliche Kulturfläche. Somit ist die österreichische Landwirtschaft nach wie vor vergleichsweise klein strukturiert, wobei der Trend zu immer größeren Betrieben ungebrochen anhält.

DER VERGLEICH MACHT SICHER VON JOSEF A. HOLZER

Heute ist vielen Menschen der Unterschied zwischen einer Fichtenmonokultur und einem Wald nicht mehr bewusst. Das merkt man schon am Sprachgebrauch: Man erkennt den Wald vor lauter Bäumen nicht mehr und so wird, wo mehrere Bäume beieinanderstehen, auch gleich ein Wald vermutet. Und weil die allermeisten Menschen Fichtenmonokultur-Forste mit Wald verwechseln, verstehen sie auch nicht, wieso andere Waldhabitate einfordern. Sie schauen sich in der Landschaft um und sagen: „Waldhabitate schaffen? Aber es gibt doch ohnehin so viel Wald!"

In Österreich hat die Forstlobby erfolgreich durchgesetzt, dass wir im Grunde kaum Naturschutzgebiete oder Urwaldflächen im Wald haben. Ihr Argument: „Alles nicht notwendig! Unsere Forstwirtschaft ist *supernachhaltig* und unsere Flächen sind *so naturnah*!" Das ist von der Wahrheit zwar weit entfernt, wurde aber kaum hinterfragt.

Heute fehlen uns diese naturnahen Flächen, weshalb der überwiegende Teil der Bevölkerung – Land- und Forstwirte eingeschlossen – noch nie in ihrem Leben einen echten Wald gesehen haben. Das ist so traurig, wie tragisch, denn das nimmt uns die Möglichkeit eines Vergleichs. Wir wissen schlicht so gut wie nichts über die Potenziale und Anpassungsfähigkeit natürlicher Waldgesellschaften in den verschiedenen Regionen – es gibt sie nämlich nicht mehr, beziehungsweise kaum noch, solche Wälder.

Und das führt zu einem Glaubwürdigkeitsproblem: Selbst wenn von den letzten verbliebenen Reliktbeständen abgeleitet werden kann, dass diese durch ihre enorme Resilienz keine ernsthaften Probleme haben, wird lauthals angezweifelt, dass das überall so ist. Diese Aussagen könnten nicht generalisiert werden: „*Ja, dort* mag das meinetwegen zutreffen, aber bei *uns*? Garantiert nicht!"

Daher brauchen wir viele, repräsentative, nach regionalen Kriterien verteilte Vergleichsflächen und dazu gehört jeder verbliebene Flecken „Urwald" – oder was dem am nächsten kommt – und sei er noch so klein. Zustand und Größe sind dabei nicht allein ausschlaggebend. Trotz Bewirtschaftung findet man fast überall noch „bessere Flecken": Wälder mit einigermaßen guter Struktur und angepasstem Arteninventar.

Ein Mosaik an Vergleichsflächen kann uns zeigen, was die Natur an unserer Stelle machen würde. Durch das „aus der Nutzung nehmen" solch kleiner Flächen würde kein relevanter ökonomischer Schaden entstehen. Im Gegenteil! Was wir langfristig von der Natur und ihrer immanenten Lösungskompetenz lernen können, ist unbezahlbar.

Auch in anderen Landschafts- und Nutzungsformen sollten diese Vergleichsflächen integriert werden. Wie schön wäre es, wenn wir in allen intensiven Agrarregionen, mitten in den am stärksten von Erosion betroffenen Flächen einige – wie gesagt kleine – Dauerstillegungen hätten?

Dann könnten wir beobachten, wie und in welchen Zeiträumen die Natur in der Lage ist, Flächen wieder zu reparieren – ohne menschliches Zutun. Äußerst wertvolle Daten ließen sich auf diese Weise erheben.

Im Übrigen entsteht auch hier kein ökonomischer Schaden, denn einerseits braucht es keine großen Flächen und andererseits finden sich überall Flecken, die unrentabel sind und nur noch aufgrund von Agrarsubventionen bewirtschaftet werden.

Naturverjüngung in einem Buchenwirtschaftswald – vielerorts, wo heute Borkenkäfer wüten, sollte es eigentlich so aussehen.
© Josef Holzer

Vergleichsflächen brauchen wir auch im Grünland. Denn hier ist der Biodiversitätsverlust besonders dramatisch.

Ende der 1950er Jahre wurden fast alle Wiesen in Europa nur extensiv genutzt und waren von hoher Bedeutung für die Erhaltung regionaltypischer Biodiversität. Diese blüten- und artenreichen Wiesen wurden nach und nach in monotones Grünland umgewandelt, welches bei entsprechendem Input zwar *produktiv*, aber auch extrem artenarm ist.

Medien berichten seit vielen Jahren, dass die Biodiversität auch in Europa stark unter Druck steht und beschreiben die Symptome: Wir lesen von zusammenbrechenden Vögel- und Insektenpopulationen und vom beispiellosen Rückgang der Artenvielfalt in Wald und Flur - die Zusammenhänge mit der veränderten Landnutzung sehen dabei die wenigsten.

Die Bedeutung des Grünlandes

Im weltweiten Vergleich gehört extensives Grünland zu den artenreichsten Biotoptypen überhaupt: mit 90 Pflanzenarten und mehr auf einem einzigen Quadratmeter.

In Mitteleuropa haben über 400 Pflanzenarten ihren Verbreitungsschwerpunkt im Grünland. Dieser potenziell hohe Artenreichtum an Pflanzen kommt naturgemäß auch unterschiedlichen anderen Tierarten zugute: Braunkehlchen, Feldmäusen, Spinnen, Schmetterlingen, Schwebfliegen, Heuschrecken, Wildbienen, und vielen anderen. Extensives Grünland und mit ihm sein Artenreichtum ist in den letzten Jahrzehnten sukzessive aus Europas Landschaften verschwunden.

Bauern hatten früher Ackerbau und Tierhaltung in ihrem Betrieb vereint. Dabei wurden Nährstoffe aus den Grünlandflächen durch die Tierhaltung (Winterfütterung mit Heu) über den Mist auf die Ackerflächen gebracht. Am Acker konnte man die zusätzlichen Nährstoffe sehr gut brauchen. Die Wiesen kamen aufgrund der extensiveren Nutzung – in der Regel ein bis zwei Schnitte – relativ gut ohne, oder nur mit seltener Düngung aus.

Auf diese Weise stellte sich auf den Wiesen ein fragiles Gleichgewicht aus einer Vielzahl von unterschiedlichen Gräsern und Kräutern ein. Auf einer extensiv genutzten Wiese fand man nicht selten über 100 Pflanzenarten pro Quadratmeter. Bedenkt man, dass die Ökologen eine Faustregel kennen, die besagt, dass zu jeder dieser Pflanzenarten im Schnitt zehn Tierarten gezählt werden können, ergibt sich daraus eine Artenvielfalt, wie sie heute kaum vorstellbar ist.

Wiesen verändern sich über die Nutzung. Werden sie – wie heute üblich – übernutzt, verschwinden die meisten Arten.

Durch die Spezialisierung der Betriebe hat sich die Grünlandnutzung grundlegend verändert. Heute teilt sich das System in tierlose Ackerbaubetriebe bzw. Ackerbau/Mastbetriebe (z. B. Schweine) und Grünlandbetriebe, die vor allem Rinderhaltung betreiben.

Den tierlosen Ackerbaubetrieben fehlt der Mist für die Düngung ihrer Äcker, weshalb sie in der Regel Mineraldünger zukaufen. Gleichzeitig haben Mastbetriebe aufgrund der großen Tieranzahl (und zugekauften Futtermengen) oftmals einen massiven Nährstoffüberschuss in Form von Gülle und wissen nicht, wohin damit.

Grünlandbetriebe haben wiederum keine Ackerflächen, aber hochwertiges Grünland als Futter für ihre Tiere. Deren Mist und Gülle wird auf die Wiesen aufgebracht, was zu mehr Wachstum und häufigeren Schnitten führt. Das eröffnet wiederum die Möglichkeit, mehr Tiere zu halten.

Auch die Milchbetriebe versuchen, mehr Eiweiß aus dem Grünland zu generieren. Dafür sind frühere Schnitte und besonders eiweißreiche Pflanzenmischungen erforderlich.

Wenn eine Wiese blüht – und da ist sie von der Samenreife der allermeisten Arten noch weit entfernt – ist für die meisten Milchbauern das Heu bereits zu „minderwertig", da es weniger Eiweiß enthält und ein geringer Eiweißgehalt im Futter die Milchleistung verringert.

Weil immer mehr Betriebe Silage statt Heu produzieren, sind sie nicht mehr so wetterabhängig: Sie brauchen keine lange Schönwetterphase mehr, um die Ernte zu trocknen. Zwei halbwegs schöne Tage reichen meist aus. Das wiederum führt dazu, dass noch mehr Schnitte möglich werden: Grünland mit vier, sechs und mehr Schnitten, ist heute keine Seltenheit mehr. Manchmal wird ein handbreiter Aufwuchs schon wieder gemäht. Dass sich auf solchen Wiesen auf Dauer keine Vielfalt halten kann, ist klar. Allein schon aufgrund der Schnitthäufigkeit können sich die allermeisten Arten nicht mehr vermehren. Sie bilden keine Samen aus, ja, sie kommen nicht einmal mehr zum Blühen.

Die meisten Pflanzen, insbesondere Wildblumen und -kräuter vertragen auch das ständige Zuviel an Dünger nicht und verschwinden. Nur wenige Arten, nämlich solche, die ihrer Natur nach auf besonders nährstoffreiche Verhältnisse eingestellt sind, profitieren von dem Überangebot an Nährstoffen. Diese wenigen Arten verdrängen die zahlreichen *Hungerkünstler* unter den Pflanzen und mit ihnen die vielen Tierarten, die – direkt oder indirekt – von ihnen abhängig sind.

Um wieder Vielfalt auf die Wiesen zu bringen, gibt es neben genereller Extensivierung zwei weitere Möglichkeiten:

Die erste ist der sogenannte abgestufte Wiesenbau. Ein Konzept, bei dem unterschiedliche Grünlandqualitäten auf einem Betrieb in unterschiedlicher Intensität genutzt werden.

Dabei gibt es sowohl oft gemähte Intensivflächen, als auch weniger und später gemähte Extensivflächen. Letztere sind sowohl für die Biodiversität als auch für die Tiergesundheit von Bedeutung: Solche Wiesen liefern artenreiches Heu mit vielfältigen Inhalts- und Ballaststoffen und einer Vielzahl an Kräutern – diverse sekundäre Pflanzenstoffe inklusive. Dieses Konzept ist wirtschaftlich, ökologisch und aus Gründen des Tierwohls sinnvoll.

Die zweite Möglichkeit ist die Erhaltung von zumindest zwei bis vier Meter breiten Blühstreifen. Diese werden jeweils später gemäht und ermöglichen zumindest kleinflächig eine gewisse Artenvielfalt. Auch so mancher Bodenbrüter kann mit derartigen Streifen schon das Auskommen finden.

Kombiniert man die Blühstreifen mit einem abgestuften Wiesenbau, kann man einen Biotopverbund bzw. ein Netzwerk aufbauen, welches den ökologischen Wert der Flächen weiter erhöht.

Niemand wollte die Schmetterlinge, die Bienen oder Vögel ausrotten und trotzdem verschwinden viele Arten aus unserem Lebensraum. Der Wandel vollzieht sich so schleichend wie schonungslos – wir bemerken ihn kaum.

Die Bauern haben ihre Wiesen – Stück für Stück und Jahr für Jahr – immer ein bisschen intensiver genutzt, ein Schnitt mehr und dann noch einer. Dem einen Bauern hat man vielleicht eine dieser neuen „besseren" Wiesenmischungen verkauft. Die haben eine bessere Eiweiß-Bilanz und auf die müsse er mit Blick auf seine Tiere, auf seine Produktivität, ja achten.

Gleichzeitig werden die besonders steilen, mageren, unzugänglichen Flecken überhaupt nicht mehr gemäht, sondern aufgeforstet. Im schlechtesten Fall werden Sie einfach mit Fichten bestückt. Und irgendwann, als Ergebnis von vielen kleinen Veränderungen, sind dann all die bunten Wiesen weg. Und mit ihnen die Insekten, Spinnen und Vögel. Das Einzige, das dann noch blüht, ist der Löwenzahn.

Dass diese Flächen ökologisch betrachtet mittlerweile „grüne Wüsten" sind, fällt nicht weiter auf – weil die Vergleichsflächen fehlen und wir uns an die neue Normalität der Eintönigkeit gewöhnt haben.

Der Wandel verlief sehr langsam, war aber schonungslos und das Ergebnis ist, dass wir heute gar nicht mehr wissen, was einen echten Wald, eine echte Wiese ausmacht.

Der direkte Vergleich würde uns dafür sensibilisieren, was wir angerichtet beziehungsweise verloren haben, aber der ist heute nicht mehr möglich. Darum brauchen wir unbedingt Beispiele, Natur- und Kulturflächen, die zeigen, was in den einzelnen Regionen alles möglich wäre und entstehen könnte.

Eine strukturreiche Landschaft schafft Biodiversität. *© Josef Holzer*

Josef A. Holzer: „Mit 90 Pflanzenarten und mehr auf einem einzigen Quadratmeter zählt extensives Grünland zu den artenreichsten Biotop-Typen überhaupt."

WELT **ERFAHREN**

ERFAHRUNGSWISSEN VON SEPP HOLZER

In einem Buch wie diesem kann man vieles über den Umgang mit der Natur und das Arbeiten mit Pflanzen, Tieren, Wasser oder Boden erklären. Niemals aber ersetzt es die praktische Erfahrung.

Das ist wie beim Bergsteigen oder Schwimmen: Das lernt man auch nicht aus Büchern, sondern nur durch Übung und Training.

Wie oft habe ich im Rahmen von Beratungen versucht, meinem Gegenüber dieses oder jenes zu erklären. Allein, es hilft oft nicht viel. Ich bin überzeugt: Zehnmal erklären ist weniger effektiv als einmal vormachen – oder noch besser: Mitmachen!

Theoretisch kann jeder Mensch Bäume pflanzen. Da gibt es genug Literatur dazu, die das ausführlich beschreibt und erklärt. Solange man das aber nicht selbst macht, weiß man im Grunde gar nichts darüber. So ist das mit der Natur: Wer mit ihr kommunizieren will, muss sich mit ihr praktisch beschäftigen. Nur so kommt man dahinter, was ein Baum braucht, wieso der eine gedeiht und der andere eingeht. Man muss laufend beobachten und Erfahrung sammeln: Soll ich gießen und wenn ja, wie viel? Brauche ich Mulch? Muss ich den Baum vor Frost schützen?

All das kann man zwar in Büchern nachlesen, aber eben nicht *erfahren*.

Sepp Holzer: „Neben einer theoretischen Grundlage braucht es Praxis und Erfahrung." © Josef Holzer

Sepp Holzer: „Hier im Burgenland habe ich andere Limitationen, aber auch andere Möglichkeiten. Hier gedeihen sogar Indianerbananen (Pawpaw) und Bananen.“ © Marcus Auer

Hinzu kommt, dass die Situation überall eine andere ist. Folglich kann dir auch niemand genau sagen, was auf deinem Grund, mit deinem Boden, deinem Klima und deinen Möglichkeiten „das Richtige“ ist. Die Bedingungen sind überall verschieden und jeder Platz hat seine Eigen- und Besonderheiten. Diese gilt es herauszufinden und das kann man nur, wenn man vor Ort und über längere Zeit praktische Erfahrungen sammelt.

Ein Beispiel: Im frostigen Lungau, wo ich jahrzehntelang Bauer war, sind die Bedingungen komplett anders als im südlichen Burgenland, wo ich jetzt lebe. Hier hat es mitunter 38 °C – bestimmt werden es bald 40 °C sein – und im Sommer gibt es oft wochenlang keinen Regen. Es gibt andere Schädlinge, andere Winde, eine andere Luftfeuchte, einen ganz anderen Boden. Entsprechend anders muss ich meine Bewirtschaftung gestalten. Ich muss mich *anpassen*. Was anderswo prima funktioniert hat, wird hier womöglich scheitern und Maßnahmen, die anderswo unbedingt notwendig sind, sind hier vielleicht völlig unnötig.

Ich habe auf der ganzen Welt Projekte betreut – von Sibirien bis in die USA, von Südamerika bis Thailand. Naturgemäß sind die lokalen Bedingungen überall unterschiedlich: Niederschlag, Klima, Boden, Wind, Vegetation und Naturgefahren sind genauso verschieden wie die Menschen, mit denen man zu tun hat.

Verständlicherweise wollten alle immer genau und bis ins kleinste Detail wissen, was zu tun ist. Meine Antwort war immer dieselbe: „Das musst du selbst herausfinden. Mach‘ die Augen auf.

Sammle Erfahrungen. Beginn' im Kleinen und wende das Gelernte dann im größeren Maßstab an."

Es kommt immer darauf an, wo man sich befindet und was das Ziel der Bewirtschaftung ist. Man sollte sich immer zuerst fragen: Was will ich erreichen und welche konkreten Möglichkeiten habe ich zur Verfügung, meine Pläne umzusetzen?

Selbstverständlich kann und muss eine Beratung grundsätzliche Anleitungen geben und Hilfe leisten. Aber keine Beratung wird die praktische Erfahrung ersetzen können, die es braucht, damit ein Projekt letztlich erfolgreich ist.

Die Arbeit, so heißt es, *„geht in Fleisch und Blut über"*. Das meint, das mit der Arbeit die Erfahrung kommt und mit ihr die Sicherheit, dass man auf dem richtigen Weg ist. Wenn ich aber jemandem, der noch keine praktische Erfahrung hat, erkläre, was er machen soll und was nicht, steht er da wie der sprichwörtliche *Ochs vorm neuen Tor*. Er kennt sich nicht aus und macht trotz genauer Anweisungen Fehler über Fehler.

Warum? Weil er den Sinnzusammenhang erst begreifen kann, wenn er die Dinge in der Anwendung sieht.

Erst wenn man die Wirkung, *die Auswirkung* des eigenen Tuns beobachten kann, gewinnt man Erkenntnis und Verständnis. Ohne praktische Erfahrung, kann man Empfehlungen – egal wie gut sie sind – nicht richtig einordnen und auf seine eigene Situation übertragen. Was am Berg funktioniert hat, kann unten im Tal scheitern – umgekehrt gilt natürlich dasselbe.

Es ergibt überhaupt keinen Sinn, abstrakte Anweisungen zu befolgen, solange man die dahinterstehenden Prinzipien nicht versteht. Und mit diesen wiederum, kann man nur in der praktischen Arbeit vertraut werden.

Genau hier müsste auch die Ausbildung ansetzen: Übung braucht Raum und Zeit für das Ausprobieren und die praktische Arbeit. Nur, wo wird das tatsächlich so gelebt?

Die jungen Leute – egal ob in der Landwirtschaftsschule oder auf der Universität – verbringen wahnsinnig viel Zeit am Schreibtisch und am Computer, aber nicht in der Natur.

Das ist das Manko der modernen Ausbildung: Viel Theorie, kaum Praxis. Ich finde das unverantwortlich, denn man verlangt von den jungen Menschen, dass sie sich später in einer Welt zurechtfinden, die sie oft nur aus Büchern oder von Bildschirmen kennen.

Wer erfolgreich mit Boden, Wasser, Tieren, Pilzen und Pflanzen arbeiten will – also *mit und in der Natur* wirtschaften will – braucht vor allem Erfahrungswissen. Darum benötigen Auszubildende meiner Meinung nach dringend die Möglichkeit, Übungsprojekte zu entwickeln und natürlich auch entsprechend viel Zeit, damit sie diese über einen längeren Zeitraum begleiten können.

Die Landwirtschaft von heute ist geprägt von etlichen, hausgemachten Problemen. Problemen mit dem Wasserhaushalt, der Tiergesundheit, dem Verlust von Boden und Biodiversität. Statt die Ursachen dafür zu ergründen, begnügen sich die allermeisten damit, die Symptome zu bekämpfen: Sie düngen und versprühen Gift. Sie bewässern und sie entwässern.

Die Folgen: noch größere Schäden und noch mehr Probleme. Die Landschaft wird kaputtgepflegt. So lange, bis irgendwann gar nichts mehr wächst.

Dabei wäre heute so vieles möglich! Weit mehr jedenfalls, als sich die meisten vorstellen können.

Sepp Holzer: „Der Beruf Bauer ist der schönste, den ich mir vorstellen kann!“ © Marcus Auer

WUNSCH UND WIRKLICHKEIT VON SEPP HOLZER

Als Bauer gehe ich regelmäßig durch meine Flächen. Wenn ich dann sehe, das alles wächst und gesund ist, macht mir das eine Riesenfreude. Diese Freude liefert die beste Energie und ist die beste Versicherung für Gesundheit und Wohlbefinden.

Der Beruf Bauer ist der schönste, den ich mir vorstellen kann – sofern man nicht daran gehindert wird, ihn auszuüben.

Wenn dich aber jemand daran hindert, dann sage ihm deine Meinung, ganz egal, um wen es sich handelt. Sei klar und deutlich – beschönige nichts, lass‘ das *Blabla* und sage, *wie es ist!* Das wird bestimmt nicht jedem gefallen, aber das muss dir egal sein.

Ob sie dich auslachen oder anfeinden – versuche immer zu sagen, was richtig ist, was gut für die Natur ist und was nicht.

Mir geht es um Vermittlung und Aufklärung. Die tut mitunter vielleicht ein bisschen weh, aber das ist auch gut so, denn manche Menschen merken es sich sonst nicht.

Wenn ich offen spreche und erkläre, dann habe ich das Gefühl, meinem Gegenüber geholfen zu haben. Wenn der- oder diejenige im ersten Moment sogar sauer wird – das macht nichts, das muss manchmal so sein.

Noch heute bekomme ich Briefe von Menschen, die sich dafür bedanken, dass ich ihnen meine ehrliche Meinung gesagt habe, auch dann, wenn sie diese gar nicht hören wollten. Manches braucht eben Zeit, bis es *sickert* und schließlich ankommt.

Oft wurde ich im Zuge einer Beratung mit einem Kundenwunsch konfrontiert, der einfach unsinnig war – ein kompletter Blödsinn auf gut Deutsch. Aber das will die Kundschaft natürlich nicht hören. Die hat vielleicht schon etliches an Geld in das Projekt gesteckt und generell viel investiert. Das Problem ist immer wieder dasselbe: Der Wunsch hat nichts mit dem jeweiligen Grundstück zu tun.

Dabei muss man es umgekehrt angehen. Zuerst sieht man sich die Fläche ganz genau an und fragt dann: „Was hat sie zu bieten? Wo kommt das Wasser her? Wie schaut es mit der Vegetation aus? Wie mit dem Boden, dem Wind?"

Man muss die Situation wahrnehmen, das heißt, als Ganzes sehen. Dann erkennt man bald, was möglich ist, was sinnvoll ist und was nicht.

Meiner Erfahrung nach nehmen Menschen sich und ihre Vorstellungen sehr wichtig. Das führt dazu, dass sie manchmal auf das Wesentliche vergessen: hinzuschauen und nachzudenken. „Wie sieht es hier aus und warum sieht es hier so aus?" Solche Fragen sind sehr wichtig. Wenn man ihnen nachgeht, ergeben sich nützliche Hinweise darauf, was eine Fläche zu bieten hat, welche Möglichkeiten sich auftun und welche Gefahren man im Auge behalten muss. Jeder Flecken Erde hat seine Eigenheiten, Schwächen und Stärken. Erst wenn ich mir über diese im Klaren bin, sehe ich, was zu tun und was zu lassen ist.

Oft erkennen Grundbesitzer nicht, welches Kapital sie besitzen und wenn doch, können viele damit nicht umgehen. Dann muss man ihnen zeigen, welche Möglichkeiten es gibt und wie man diese nutzbar machen kann. Dasselbe gilt aber auch für Gefahren, die meiner Erfahrung nach genauso oft übersehen werden wie die Möglichkeiten – und das kann schwerwiegende Folgen haben.

DAS KLOSTER BRENNT VON SEPP HOLZER

Ich wurde für eine Beratung in ein griechisch-orthodoxes Kloster in der Nähe von Thessaloniki bestellt. Das Kloster war sehr alt und zwischenzeitlich sogar aufgelassen worden. Fleißige Schwestern hatten es sich zur Aufgabe gemacht, es wieder aufzubauen. Mit bescheidenen finanziellen Mitteln schritt die Renovierung langsam, aber stetig voran.

Ich sollte den Schwestern dabei helfen, den Klostergarten neu zu gestalten. Und das haben wir gemeinsam auch geschafft. Die Schwestern waren unglaublich fleißig und kompetent.

Bei den Arbeiten im Kloster ist mir bald etwas aufgefallen, das mich sehr beunruhigt hat: Dem Kloster drohte Gefahr.

Als erstes waren mir unterhalb des Klosters riesige, runde Behältnisse aus Blech ins Auge gefallen. Wozu die denn dort aufgestellt worden seien, wollte ich wissen.

Sie seien mit Wasser befüllt worden, damit im Brandfall Löschwasser vor Ort wäre, hat man mir erklärt. Aha.

Der Hang unterhalb des Klosters war von einem Großgrundbesitzer mit Pinien bepflanzt worden. Und zwar ausschließlich mit Pinien. Die habe ich mir genauer angesehen.

Sepp Holzer: „Wo Wasser ist, ist Wald und wo Wald ist, ist auch Wasser." © Josef Holzer

Dabei habe ich bemerkt dass der Boden stellenweise schwarz war. Hier musste es vor nicht allzu langer Zeit schon einmal gebrannt haben. Die Schwestern haben mir das bestätigt: Der ganze Hang sei komplett abgebrannt und danach wieder aufgeforstet worden. Pinie an Pinie, dicht an dicht. Etwa 10.000 Bäume pro Hektar – genauso wie die Aufforstungen, die ich in meiner Jugend miterlebt hatte.

Dann ist mir noch aufgefallen, dass die Bäumchen – zwar noch nicht stark, aber bereits deutlich zu erkennen – vom Pinien-Prozessionsspinner (*Traumatocampa pityocampa*) befallen waren.

Es war klar, dass sich dieser Schädling in dieser Monokultur sehr rasch ausbreiten würde. Und weil geschwächte und abgestorbene Bäume besonders gut brennen, würde hier bestimmt bald wieder ein Feuer wüten.

„Das wäre ja furchtbar!", meinten die einigermaßen geschockten Schwestern zu meiner Warnung. „Und sie sind sich ganz sicher, dass das Feuer wiederkommen wird?"

Ich habe ihnen erklärt, dass ich mir sogar zu 100 Prozent sicher sei: „Gefahr im Verzug!" Der ganze Berghang, hunderte Hektare, würden demnächst brennen – es war nur eine Frage der Zeit. Zumindest rund um die Klostermauer sollten sie daher alles Brennbare wegräumen. Und das wurde von den Schwestern auch sofort und sauber erledigt.

Sie kamen aus aller Welt – Afrika, Südamerika, Deutschland, und was weiß ich von wo. Die Oberin, also die Leiterin der Schwesternschaft, war gebürtige Oberösterreicherin. Und mein Gott, waren diese Frauen fleißig! So etwas hat man noch nicht gesehen!

In diesem Kloster begann der Arbeitstag um vier Uhr in der Früh. Zuerst versorgten die Schwestern die Tiere. Die Schafe und Ziegen wurden gemolken, die Milch verkäst oder zu Butter verarbeitet. Auch das machten die Schwestern alles selbst.

Gleichzeitig arbeitete eine andere Gruppe an Restaurierungen am Kloster. Da wurde gemauert und gezimmert, gemalt und verputzt. Wirklich jedes Handwerk war dabei.

„Wahnsinn! Ja, gibt's denn so was!?", habe ich mir gedacht als ich gesehen habe, was da geleistet wurde. So schön haben diese Frauen alles hergerichtet und renoviert. Nie hätte ich für möglich gehalten, was sich hinter diesen Klostermauern alles abspielt. So viele Fähigkeiten waren in diesem Kloster versammelt – unvorstellbar! In meinen Augen waren das Künstlerinnen.

Als wir mit dem Klostergarten-Projekt fertig waren, habe ich die Schwestern gefragt, ob es denn nicht auch Wasser von oberhalb des Berges gab, das sie nutzen könnten.

Doch, ja, dort gäbe es schon Wasser. „Na dann schauen wir uns das doch mal genauer an", habe ich gesagt und auch gleich den Bürgermeister mitgenommen. Denn ohne sein Einverständnis würde hier sowieso nichts möglich sein, das war mir klar.

Wir sind also den Berg hinauf spaziert und – *Boah!* – was sah ich?! Das Gelände war bewaldet und formte einen natürlichen Kessel. Und aus einem Buchen-Mischwald floss ein kleines Bächlein in unsere Richtung. Wir haben gleich seinen Durchlauf gemessen: sechs bis sieben Sekundenliter! Da war doch Wasser genug! Und bei Regen käme bestimmt noch viel mehr zusammen, weil durch die Kessellage das Einzugsgebiet dieses Bächleins enorm groß ist. Einen Teil dieses Wassers könnte man doch an Ort und Stelle sammeln und von hier aus ins Tal zum Kloster leiten.

„Warum hat man von diesem Wasser nicht schon längst etwas zu den Schwestern weiter unten geleitet?", wollte ich vom Bürgermeister wissen – denn das Land gehörte der Gemeinde. Das sei viel zu aufwändig und man bräuchte viel zu viel Beton, um das Wasser zum Kloster zu leiten, war die Begründung.

„So ein Blödsinn! Da muss gar nichts betoniert werden! Kein bisschen Beton ist hier nötig", habe ich gesagt und erklärt, wie man einen Damm ganz ohne Beton, nur mit dem Material, das hier vor Ort war, aufbaut. Sicher war der Boden steinig, aber es war auch ausreichend Lehm, also Feinanteil, vorhanden. Außerdem würde ich nicht den ganzen Bach stauen, sondern lediglich ein Teil seines Wassers in einen Teich ausleiten, der das Kloster versorgen würde. Für einen derartigen Teich war das Material allemal geeignet.

„Da braucht es keine betonierte Staumauer, Herr Bürgermeister", habe ich gesagt und ihm erklärt, wie ich in diesem Fall vorgehen würde.

Zuerst muss man das Material trennen – in grobes und feines. Dazu wird der Aushub sortiert und – wenn nötig – auf einen Haufen geschüttet. Dabei rollt das grobe Material seitlich ab und in der Mitte bleibt nur das feine Material liegen. Sollten dann noch immer zu viele Steine darunter sein, wiederholt man den Vorgang einfach. Spätestens dann ist das mittige Material so fein, dass es sich danach wunderbar zum Bau eines Dammes verwenden lässt.

Für den sogenannten Dichtkern im Damm wird dieses feine Material schichtweise aufgetragen und verdichtet. So lange, bis die gewünschte Dammhöhe erreicht ist. Das gröbere Material, das beim Aufschütten seitlich abgerollt ist, wird dann an der Außenseite des Damms aufgetragen – als Vorschüttung zur Stabilisierung. So macht man das schon seit jeher – wahrscheinlich seit

Jahrtausenden. „Das funktioniert überall auf der Welt, warum nicht auch hier?", habe ich gefragt.

Der Teich würde auch nicht als Staumauer am äußersten Rand dieses natürlichen Kessels gebaut werden – wie der Bürgermeister und seine Leute meinten – sondern 20 bis 30 Meter dahinter.

Diese Lage war stabil genug und um sicher zu gehen, würde ich die riesigen Steine, die es hier reichlich gab, als zusätzliche Absicherung verbauen. Würde tatsächlich einmal sehr viel Wasser kommen, wären sie stark genug, die Wehre zu sichern und dem Wasser die Kraft zu nehmen – problemlos, so groß wie diese Steine waren.

Das Ergebnis wäre ein traumhafter Teich mit Trinkwasserqualität. Schön, nützlich, ungemein wertvoll!

Dann kam der Einwand, dass die Leitung nach unten zum Kloster immer noch zwei Kilometer lang sein müsste. „Ja, und?!", das spielt heutzutage doch keine Rolle. Man gräbt einen Graben und verlegt ein Rohr oder einen Schlauch. Ganz einfach. Die Vorteile wären jedenfalls enorm. Denn so hätte man nicht nur ganzjährig bestes Trinkwasser, sondern bei Bedarf auch ausreichend Löschwasser.

Mit dem Wasser könnte man im Brandfall – Dank des Höhenunterschiedes beziehungsweise natürlichen Drucks – das ganze Kloster sichern. Und es gäbe mehr als genug Wasser, um die Kulturen der Gemeinschaft ganzjährig bewässern zu können.

Oh, das hat dem Bürgermeister gut gefallen. Denn seine Sachverständigen hätten stets gemeint, dass man mit dem steinigen Material vor Ort nicht arbeiten könne.

„Kein Problem, das ist eine Kleinigkeit", habe ich ihm also versichert, „ich habe schon überall solche Teiche, ja sogar Seen gebaut und noch nie hat sich hinterher jemand beschwert. Das wird auch hier funktionieren, da bin ich mir sicher." Der Bürgermeister war nach der Begehung sehr zufrieden und meinte, er müsse sich mit seinen Leuten beraten, wie man das Projekt voranbringen könnte.

Zwei Tage später kam er wieder und schlug vor, dass das Kloster der zuständigen Behörde einen Brief samt Skizze schicken solle aus dem hervorgeht, dass die Angelegenheit aufgrund der akuten Brandgefahr dringend zu behandeln sei und das Kloster unbedingt und so schnell wie möglich Löschwasser brauche. Dazu sollte die Schwester-Oberin 5.000 Euro legen, damit die Beamten die Anfrage auch wirklich behandeln würden. „5.000 Euro!? Ja, warum denn!", habe ich entsetzt gefragt. Weil sich sonst niemand um die Angelegenheit kümmern würde, hat man uns ganz offen erklärt. Allerdings lehnte die Oberin solche „Extrazahlungen" grundsätzlich ab, denn: „Wer einmal zahlt", so ihr Einwand, „der wird auch künftig zur Kasse gebeten." Aus dem Teich-Projekt oberhalb des Klosters wurde also nichts. Leider.

Keine zwei Jahre später erhielt ich einen Anruf aus dem Kloster: „Alles abgebrannt! Genauso wie Sie es vorhergesagt haben, Herr Holzer!"

Bis zum Kloster war das Feuer vorgedrungen. Die Mauern waren ganz schwarz vom Brand, hatten diesem aber doch standgehalten. Heilfroh waren die Schwestern, dass zumindest das Kloster selbst verschont geblieben war. Sie waren überzeugt davon, dass allein ihre Gebete Schlimmeres verhindert hätten. Ich dagegen denke, dass die Damen großes Glück hatten von so starken, hohen Mauern umgeben zu sein – Gebete hin oder her.

Leider hatte ich Recht behalten: Es war nie die Frage, *ob* diese Monokultur brennen würde – nur *wann*.

Ob Feuer, Prozessionsspinner oder Borkenkäfer – es ist immer dasselbe: Die Probleme treten immer dort auf, wo Bäume gestresst sind. Und die Bäume unterhalb des Klosters hatten gleich mehrfachen Stress: zum einen Trockenstress, denn in diesen Pflanzungen wuchs außer den Pinien gar nichts – nicht ein einziger Grashalm. Der Boden war völlig kahl und entsprechend staubtrocken. Außerdem waren die Bäume viel zu dicht gepflanzt worden.

In einer Monokultur wie dieser leiden die Pflanzen unter Mangel. Sie müssen um Wurzelraum, Wasser und Licht konkurrieren. Also schießen sie so schnell wie möglich in die Höhe – sie wollen ihre Kollegen abhängen, der Konkurrenz „davonwachsen". Sie wachsen *zu schnell*, weshalb es ihnen an Standfestigkeit und Kraft fehlt. Jetzt sind sie gestresst, weil sie unterversorgt sind. Und gestresste Bäume scheiden Düfte aus, die Schädlinge anlocken. Die kommen natürlich in Scharen, denn aus der Sicht der Insekten haben die Menschen ihnen ein schönes, üppiges Festmahl aufgetischt. Und so vermehren sie sich massenhaft in den Monokulturen und machen ihnen schließlich den Garaus.

Solche Aufforstungen haben keinen Bestand. Schneebruch, Windriss und/oder Brand sind quasi vorgesehen. Die Katastrophe kommt. So sicher, wie das Amen im Gebet.

Eukalyptus in Vollbrand – Die Brandstiftung beginnt schon beim Pflanzen dieser Plantagen.
© anagh/Panoramio@wikimedia.org

Naturbeobachtung als Schlüssel zum Erfolg – Sepp Holzer: „Wasser ist wie ein Lebewesen. Es will fließen, sich bewegen und sich erneuern.“

© Josef Holzer

MEHR BETON IST AUCH KEINE LÖSUNG VON SEPP HOLZER

Vor ein paar Jahren wurde ich nach Ecuador eingeladen, um dort ein landwirtschaftliches Projekt zu beraten. Während meines Aufenthaltes gab es ungewöhnlich starken, lange anhaltenden Regen. Die Folgen waren verheerend: Erdrutsche, die Schäden im Wert von dutzenden Milliarden US-Dollar verursachten. Und das, in nur einem einzigen Monat!

Das Katastrophengebiet war nicht weit von der Hauptstadt Quito entfernt. Etliche Dörfer wurden verschüttet und manche komplett zerstört. Viele Menschen kamen ums Leben.

Das Projekt, an dem ich gearbeitet habe, wurde von Indigenen initiiert. Wir waren mitten in der Arbeit als ein Professor – er unterrichtete an der indigenen Universität – auf mich zukam und mich bat, an seiner Hochschule einen Vortrag zu halten, sobald ich hier fertig wäre. Ich willigte also ein, ein paar Wochen später dorthin zu kommen. Ich sollte offen über das sprechen, was mir zu dem, was ich in Ecuador gesehen und erlebt hatte, am Herzen lag. Und zu meiner Überraschung war das Interesse riesig: Als ich ankam war der Hörsaal bis auf den letzten Platz gefüllt!

„So viele Leute! Ja, gibt's denn sowas?" Da hat mir der Professor zugeflüstert, dass er meinen Besuch groß angekündigt hatte. Und darum saßen im Publikum jetzt nicht nur Studierende,

Sepp Holzer bei Projektarbeiten in Kolumbien *© Josef Holzer*

sondern auch Geschäftsleute, Journalisten, hohe Beamte und Politiker – darunter der Vize-Bürgermeister von Quito, der Hauptstadt.

Ich habe also meinen Vortrag begonnen und meine Meinung gesagt: „Dieses Land ist gesegnet mit Fruchtbarkeit und Möglichkeiten. Hier wächst alles, und zwar so reichlich, dass man beinahe aufpassen muss, nicht von Früchten erschlagen zu werden! Dass es in diesem Land, in dem man mindestens drei Ernten pro Jahr einfahren kann, hungernde Menschen gibt, ist mir unbegreiflich. Genauso wie die Tatsache, dass die Landschaft von so viel Misswirtschaft geprägt ist. Die Tiere werden miserabel gehalten und die Böden schlecht behandelt. Flugzeuge versprühen großflächig Pestizide – sogar auf Kinder! – und viele Menschen leben in bitterster Armut. Sie hausen in Baracken, die illegal errichtet werden, und zwar in steilem, instabilem Gelände, das jederzeit abrutschen kann! Warum? Weil die Menschen sämtlichen Bewuchs gerodet haben und es dort nichts mehr gibt, das den Boden festhält. Die Situation ist brandgefährlich!"

Mir wurde offenbar zugehört, denn nach dem Vortrag fragte mich der Vizebürgermeister von Quito, ob ich mir ansehen würde, was sich seine Leute zum Schutz vor Hangrutschungen überlegt hatten.

Also fuhren wir mit einer ganzen Delegation von Architekten, Beamten und Lehrenden zu einer Baustelle, die – so hat man mir gesagt – von internationalen Spendern finanziert wurde.

Dort angekommen, sah ich 20 bis 30 Meter hohe Betonschutzmauern, die bereits aufgezogen worden waren. Viele weitere waren noch im Bau. Gedacht waren diese gigantischen – und bestimmt sauteuren! – Bauten als Schutz vor möglichen Hangrutschungen.

Schon am Weg zur Baustelle war mir aufgefallen, dass rundherum, selbst im steilsten Gelände, die Armen ihre behelfsmäßigen Hütten gebaut hatten. Ich kannte diese Szenerie schon aus Kolumbien, wo Bauern, die man von ihrem Land vertrieben hatte, unter ganz ähnlichen, fürchterlichen Bedingungen am Rand der Großstädte leben.

Da wie dort haben die Armen ihre Baracken in den Hang gebaut – wie die Schwalben, dicht an dicht. Da waren kein Baum und kein Strauch mehr zu sehen. Nur Hütten aus Holz, Plastik und Wellblech.

Dann bemerkte ich eine große Baustelle – direkt an der Hangkante über uns. Man erklärte mir, dass dort neue Hotels entstehen. Entsprechende Erdarbeiten waren offensichtlich schon im Gange und die wollte ich mir genauer ansehen. Also fuhren wir zu der Hangkante, wo Bagger schon einen etwa 200 Meter langen Graben gezogen hatten.

„Um Himmels willen!", habe ich gesagt, „das ist ja Wahnsinn!" Meine Begleitung verstand nicht und fragte verwundert nach, was mich denn störe.

Während der Begehung regnete es stark und in diesem Graben – er war einige Meter tief und etwa genauso breit – hatte sich ein Rinnsal gebildet. Wenn man dem Wasser folgte, stellte man fest, dass es anfangs viel, dann immer weniger und schließlich – am Ende der etwa 200 Meter langen Strecke – überhaupt nicht mehr zu sehen war. Wieso mich das so sehr beunruhige, wollten die Architekten und Beamten wissen.

„Ja, was denkt ihr denn, wohin das Wasser verschwindet? Warum tritt es am Ende des Grabens nicht aus? Weil es sich einen anderen Weg sucht, darum!"

Rutschhang in Ecuador *© Josef Holzer*

Ich erklärte der versammelten Mannschaft, dass die Situation hier höchstgefährlich sei. Denn der Boden ist vulkanischen Ursprungs und wenn ein solcher Boden nass ist, ist er ungemein rutschig. Hier im steilen Gelände liegt er auf einer wasserundurchlässigen Schicht, nämlich auf Felsen.

„Das Wasser hat einen kleinen Kopf", habe ich den Herren erklärt. „Das Wasser ist genau unter uns. Wir sollten lieber schauen, dass wir hier wegkommen, bevor der Hang abrutscht."

Manche haben gegrinst, als ich das sagte. Ich konnte in den Gesichtern sehen, dass man mich nicht ernst nahm und es keinerlei Bereitschaft gab, etwas zu ändern. Also gut, dachte ich, bloß schnell wieder weg von hier.

Etwa vierzehn Tage später – ich war schon wieder weitergereist – erreichte mich eine E-Mail.

Ob ich denn ein Hellseher sei, wurde ich darin gefragt. Denn wenige Tage nach unserer Besichtigung war der Hang unterhalb der Hotel-Baustelle tatsächlich abgerutscht: „Alles kaputt!"

Wegen akuter Lebensgefahr hatte man die ganze Gegend mit Panzern abgeriegelt. Niemand durfte auch nur in die Nähe der Rutschung kommen, die Hütten, Häuser, Straßen, ja, sogar eine Brücke mitgerissen hatte!

Alles sei so genau so gekommen, wie ich vorausgesagt hatte. Und tatsächlich war ich nicht sonderlich überrascht, als ich das alles las, denn diese Katastrophe war eine vorhersehbare gewesen. Warum das die Herren Architekten und Planer – soweit ich weiß, waren es Schweizer und US-Amerikaner – nicht erkannt hatten oder erkennen wollten, ist mir noch heute schleierhaft.

Ich selbst hatte ähnliche Zerstörungen schon in Kolumbien gesehen. Auch dort waren die meisten Todesopfer bitterarme Menschen, die im Steilhang notdürftig – und natürlich illegal – gebaut hatten. Hier wie dort hatte der Regen die Erde so lange aufgeweicht, bis sie keinen Halt mehr fand und ins Tal stürzte.

Ich wurde also gefragt, ob ich bereit wäre, zu beraten. Ich sollte noch einmal in die Provinz Pichincha reisen und mir die Gesamtsituation rund um die Zwei-Millionen-Stadt Quito ansehen. Ich willigte ein und sagte gleich zu Beginn der Erkundung: „Das Problem beginnt schon ganz oben, am Berg, gleich unterhalb des Gipfels." Deshalb sind wir mit einer ganzen Delegation – darunter auch Beamte und Universitätsprofessoren – den Berg hinauf gegangen.

Schon beim Aufstieg fiel mir auf, dass Ziegen und Schafe hier fast die gesamte Vegetation aufgefressen hatten. Weder Bäume noch Sträucher waren zu sehen und der Boden war hart wie Beton. Wo gar kein Bewuchs war, konnte man kaum einen Schritt setzen, denn der feuchte Boden war rutschig wie Schmierseife.

Dann sah ich die erste Schlucht. Mein Gott! 130 Meter tief war sie. Danach noch eine und noch eine. Eine Schlucht mündete in die jeweils nächste. Wir folgten den Schluchten bergauf, wo sie seichter und seichter wurden und schließlich, dort wo der Berg steiler wurde, endeten.

Ab hier sah man nur mehr recht schmale, ausgeschwemmte Gerinne.

Sie waren komplett schwarz von der Vulkanasche – ganz so, als hätte man sie mit Farbe gestrichen.

Hier wuchs noch nicht einmal Gras. Solche Gerinne sahen wir viele und alle mündeten schließlich in die darunterliegende Schlucht.

Genau hier begann das Drama, denn in dieser Gegend regnet es im Grunde jeden Tag. Man konnte geradezu die Uhr danach stellen: Pünktlich um 15:45 Uhr fiel ein warmer, recht starker Regen nieder. Aber schon eine Stunde später schien wieder die Sonne. Zumindest in den Wochen, die ich im Lande war, war das jeden Tag dasselbe. Und hier lag das Problem, denn die abertausenden Kubikmeter Wasser, die von den täglichen Regenfällen in diese Rinnen gelangten, fanden hier oben keinen Platz. Es war einfach zu eng und darum wurde das Wasser *„zornig"*. Damit meine ich, dass es sich aus Platznot zu drehen beginnt und sich immer tiefer in den Boden frisst.

Je mehr Wasser zusammenkommt, umso stärker wird dieser Effekt. Schließlich brechen die Ränder ein, Material löst sich, stürzt bergab und mischt sich mit dem Wasser, das in der Folge noch mehr Kraft entwickelt und sich noch tiefer in den Boden frisst. Darum sind die Schluchten weiter oben am Berg auch weniger tief als unten.

Die letzte Schlucht unmittelbar vor der 50.000-Einwohner-Stadt Tumbaco war unglaubliche 130 Meter tief und mehrere Kilometer lang!

Die ganze Schlucht stand unter Naturschutz, wie man erklärte. Und das kam mir dann doch etwas seltsam vor, denn ganz offensichtlich nutzten viele – darunter sogar ein nahegelegenes Krankenhaus! – diese Schlucht als Mülldeponie. „Ein fürchterlicher Anblick, dieser Naturschutz." Niemand hat widersprochen.

Was ich angesichts der Gefahr für die Stadt unternehmen würde, um die Situation zu verbessern, wurde ich gefragt. „Wir müssen das Prob-

Erosion aufgrund von Entwaldung in Ecuador *© Josef Holzer*

lem von oben nach unten angehen", erklärte ich. Dort, wo die vielen Rinnsale in die erste Schlucht mündeten, dort müsste man beginnen. Anstelle des engen Grabens sollten wir eine möglichst breite Mulde schaffen.

„Man muss dem Wasser die Energie nehmen", habe ich den Herren erklärt. „Es soll entweder versickern oder sanft in den Hang einfließen, weshalb man ihm am besten möglichst viel Platz beziehungsweise Breite lässt."

Am Ende eines breiten Grabens – oder einer weiten Mulde – würde das Wasser in einem Retentionsbecken münden. Die Voraussetzungen dafür waren ideal: Hier lebten keine Menschen und das Wasser hätte genügend Raum, sich auszubreiten. Der Überlauf dieses Retentionsbeckens – beinahe schon ein künstlicher See – würde überschüssiges Wasser in eine darunterliegende Schlucht leiten, die ich im Inneren absichern, terrassieren und bewirtschaften würde.

Auf diese Weise hätte man gleich mehrere Vorteile: Das Wasser würde schon ganz oben seine zerstörerische Kraft verlieren und sich stattdessen in einen wunderbaren See ergießen. Dieser würde ganz bestimmt Menschen aus der nahe gelegenen Hauptstadt Quito hierherlocken. Sie würden bald ein Naturparadies vorfinden, denn der See würde in kürzester Zeit eine stattliche Randbepflanzung entwickeln. Wo Wasser ist, da ist schließlich auch Leben, da sind Bäume und Tiere.

Und das Wichtigste: Die darunterliegende Stadt Tumbaco – ein Vorort der Hauptstadt Quito – wäre künftig vor Schlammlawinen geschützt.

Die Betonmauern dagegen, die für sehr viel Geld errichtet worden waren, würden bestenfalls ein paar Jahre standhalten. Danach, so war ich mir sicher, würde sich hinter den Mauern so viel Material ansammeln, dass sie nachgeben. Eine weitere Katastrophe zeichnete sich also bereits ab. Das wiederum wollten die anwesenden Politiker und Ingenieure absolut nicht hören. Sie wollten mich in ihr Team einbinden, ohne allerdings von ihrem eingeschlagenen Weg abzuweichen. „Nicht mit mir!", habe ich dazu gesagt.

Denn wer keine Einsicht zeigt und offensichtliche Fehler nicht erkennen und eingestehen kann, dem kann auch die beste Beratung nicht mehr helfen.

Sepp Holzer: „Manchmal kann auch die beste Beratung nicht mehr helfen." *© Josef Holzer*

OBLAST SMOLENSK VON SEPP HOLZER

Ein paar Jahre lang war ich viel im Osten unterwegs, vor allem in Russland, Aserbaidschan und der Ukraine. Allein in Russland habe ich an die 80, teils richtig große, Teiche gebaut. Ich habe dort einen gewissen Ruf, wurde immer wieder zu Beratungen gerufen und habe auch an etliche Universitäten und Fachhochschulen im ganzen Land unterrichtet. Dabei wurde ich stets als *Professor* angekündigt. Wenn ich das korrigieren wollte und gesagt habe, dass ich bloß ein Bauer aus Österreich bin und ich nie auch nur einen einzigen Tag an einer Universität gelernt habe, hat man das immer ignoriert. Denn ein Bauer zu sein, das zählt in Russland nichts.

Eines Tages – ich hatte gerade an der *Landwirtschaftlichen Fachhochschule in Smolensk* einen Kurs abgehalten – sprach mich ein Professor des Instituts an: „In unserem Fischteich ist eine Katastrophe passiert! Bitte sehen Sie sich das an, Herr Holzer."

Was war geschehen? Die Fischzucht der Universität hatte 15.000 Kilogramm Fisch „verloren". Die Fische waren alle gestorben und niemand wusste, warum.

Bisher hätte es mit dem Fischteich nie ein Problem gegeben, hat man mir versichert. Aber jetzt hatte es getaut und als das Eis weg war, waren alle Fische tot. Ich ging also hin und habe mir den riesigen Teich genau angesehen.

Er war komplett rechteckig und am Ufer lagen ringsum mächtige Betonplatten. Einerseits, so hat man mir erklärt, um beim Abfischen möglichst einfach zum Wasser zu gelangen und andererseits, damit keine Vegetation aufkäme. Der Teich selbst war mehrere Hektar groß und an jeder Stelle exakt 1,5 Meter tief.

„Wie war das Wetter?", habe ich gefragt. Erst habe es geschneit und dann wieder gefroren. Nichts Ungewöhnliches für die Jahreszeit. Der Teich sei zwar komplett mit Eis bedeckt gewesen, aber auch das sei durchaus normal und war in der Vergangenheit nie ein Problem.

„Und warum habt ihr die Fische nicht im Herbst abgefischt, sondern im Teich überwintert?", wollte ich wissen. Nun, der Preis sei im Herbst zu niedrig gewesen, weshalb man mit dem Abfischen warten und die Fische erst im Frühjahr – und zu besseren Konditionen – verkaufen wollte. Aber auch das sei in der Vergangenheit schon vorgekommen und nie hätte es Schäden gegeben.

Ich wollte es genauer wissen: „Wieviel Schnee ist gefallen? Und hat es dazwischen vielleicht getaut?". Es stellte sich heraus, dass es abwechselnd geschneit, getaut und dann wieder gefroren hatte.

„Aha. Jetzt ist klar, was hier passiert ist", habe ich gesagt.

Auf den zugefrorenen Teich war ein guter Meter Schnee gefallen. Dann sind die Temperaturen gestiegen und der Schnee ist aufgetaut. Dadurch wurde er matschig und ist zusammengesackt. Dann ist es wieder sehr kalt geworden. Der schwere Matsch ist gefroren und hat den See komplett isoliert. Also sind die Fische allesamt erstickt.

Warum? Bei einer geringeren Eisdecke gibt es am Rand immer ein paar offene Stellen und da geht zumindest etwas Sauerstoff durch, aber durch diese dicke, gefrorene Schneedecke nicht – die macht den Teich komplett zu.

Außerdem gab es in diesem Becken so gut wie keinen Durchfluss und auch keine Tiefzonen. Er war – wie schon erwähnt – an jeder Stelle genau 150 Zentimeter tief. Daher wäre es unbedingt nötig gewesen, Büschel aus Schilf oder Stroh, Baumstümpfe oder Wurzelstöcke im See treiben zu lassen. Vor allem aber fehlten große Steine am Ufer des Teichs. Denn wenn die Sonne aufgeht und das Holz, die Büschel und Steine erwärmt, taut ringsum das Eis. Nur ein wenig – vielleicht nur einen Millimeter – aber das ist genug, dass Sauerstoff in den See gelangen kann. Wenn man dann nahe genug hingeht, hört man ein deutliches Schlürf-Geräusch – es klingt so, als sauge und ziehe das Wasser die Luft regelrecht an.

Dass darauf zu achten ist, habe ich schon im Alter von 18 Jahren gelernt, und zwar in der Österreichischen Bundesanstalt für Fischereiwirtschaft in Scharfling am Mondsee, das heute Institut für Gewässerökologie und Fischereiwirtschaft heißt. Dort hat man mir auch diesen Tipp gegeben: Wer kein modernes Sauerstoffmessgerät hat, muss zeitig in der Früh, dann wenn die Sonne aufgeht, zum Teich und genau darauf achten, ob dort, wo die ersten Sonnenstrahlen auf das Eis treffen, Fische zu sehen sind, die nach Luft schnappen. Das ist dann ein klarer Hinweis auf akuten Sauerstoffmangel im Wasser! Wenn man so etwas beobachtet, muss man sofort handeln und unverzüglich Luft in den Teich bringen. Im konkreten Fall hat das aber niemand gemacht. Den ganzen Winter über hat sich niemand um die Teiche und Fische gekümmert. Und so ist man erst im Frühjahr draufgekommen, dass alle tot sind.

Der viele Schnee und das dicke Eis waren schuld am Sauerstoffmangel. Schuld am Tod der Fi-

Struktur im Teich schafft Lebensraum und Luft zum Atmen. *© Josef Holzer*

sche waren aber die Menschen, die sich nicht gekümmert haben und die dem Teich mehr Fische zugemutet haben, als dieser unter den gegebenen Umständen durchbringen konnte. In einem weniger strengen Winter hätte diese Menge an Fischen vielleicht überlebt. In diesem Winter nicht.

Die versammelte Mannschaft – anwesend waren auch etliche Professoren und Studierende – habe ich gefragt: „Warum habt ihr den Schnee nicht vom Eis geräumt? Ist euch nie in den Sinn gekommen, dass Fische Luft zum Leben brauchen? Lehrt ihr das an eurer Hochschule etwa nicht? Das lernt man doch schon in der Volksschule, nicht?" Lange Gesichter.

Die Fischzucht war Teil eines riesigen landwirtschaftlichen Betriebes, der zur landwirtschaftlichen Fachhochschule gehörte – Gesamtfläche rund 10.000 Hektar, davon circa zehn Hektar Wasserfläche. Das ein so großer Betrieb so unprofessionell arbeitet, hätte ich nicht für möglich gehalten. Auch das habe ich den Herren Professoren gesagt. Und dann habe ich sie noch geschimpft, weil sie das Ufer rechteckig gestaltet und ausgerechnet mit dicken Betonplatten umrandet hatten. Dabei muss doch jedem klar sein, dass das Wasser direkt am Beton – der selbst sehr kalt wird – anfriert und die Eisplatte somit komplett dicht wird. Ein Ufer muss immer unregelmäßig sein. Es muss mäandern. Außerdem habe ich kein Leben im Uferbereich, wenn dieser aus Beton ist. Beton ist keine Nahrung. Die aber brauche ich für die unzähligen Kleinsttiere, die ein Teich natürlicherweise beherbergt.

„Weg mit dem Beton! Das Ufer braucht Bepflanzung", habe ich gesagt. Aber dann sei das Abfischen viel schwieriger, weil man nicht so gut ans Wasser käme, meinten die Russen. „Man muss ja nicht alles bepflanzen", habe ich erklärt. „Man kann einzelne, günstig gelegene Stellen freilassen, das ist kein Problem. Aber es braucht immer Lebensraum für die Mitlebewesen – Verstecke und Futter. Gerade an den Randzonen eines Teiches leben unglaublich viele Klein- und Kleinstlebewesen – sofern der Rand nicht aus Beton besteht – und die brauche ich in jedem Teich. Unbedingt."

Die meisten der Betonplatten müssten jedenfalls entfernt und das Ufer neugestaltet werden – am besten geschwungen, in Mäander-Form. Denn das Wasser ist wie ein Lebewesen und will sich bewegen.

Warum ich das Wasser als Lebewesen betrachte? Stell' dir vor, du darfst dich nicht bewegen. Kein bisschen. Wie lange hältst du das wohl aus? Was wird geschehen? Wenn ein Mensch oder ein Tier nur lange genug stillsteht, fällt es irgendwann tot um. Beim Wasser ist es dasselbe.

Wasser will fließen, sich bewegen und erneuern. Über die Bewegung reichert es sich mit Sauerstoff an und reinigt sich. Das macht es für mich zu einem Lebewesen. Wenn Wasser nur stillsteht und daran gehindert wird, sich zu bewegen, erkennt man das bald am Geruch: Es wird faulig und stinkt. Dann kann man es auch nicht mehr trinken – dieses Wasser ist dann tot.

Daher: Wasser braucht Bewegung und Wasser braucht Luft. Wie kann ich das erreichen? Wenn das Ufer wie ein Mäander geformt ist, bewegt sich das Wasser automatisch mit dem Wind und bringt so Sauerstoff in den Teich. Und dank der Luft kommt Leben – vor allem auch ein vielfältiges Bodenleben – in den Teich.

„Nächster Punkt: Der Besatz. Es braucht mehr als nur Karpfen im Teich", habe ich erklärt. „Hier sind nur Fische, die *Kopfstand* können. Damit meine ich Fische, wie zum Beispiel Karpfen oder

Sepp Holzer: „Wo Wasser ist, ist Leben." © Josef Holzer

Schleien, die das Maul in den weichen Schlamm stecken und wie ein Staubsauger den Teichboden durchwühlen – auf der Suche nach Larven, Würmern, Schnecken und anderen Leckerbissen. Nur Karpfen allein, das ist eine schlechte Idee, denn wenn die zu viele sind, dann fressen sie das ganze Bodenleben auf. Dieser Teich braucht dringend mehr Vielfalt, denn Vielfalt stabilisiert das System."

Als nächstes habe ich vorgeschlagen, ein paar LKW-Ladungen mit großen Steinen zu holen und diese am Teichrand ins Wasser zu leeren. Die Steine sollten mindestens einen halben Meter, besser noch einen oder gar zwei Meter, aus dem Wasser ragen.

Und dann kam ich zum gröbsten Eingriff, den ich vorgeschlagen habe: „Ich brauche ein paar Bagger. Die größten, die ihr auftreiben könnt." „Ja, wozu denn!?", haben die Herren ganz schockiert gefragt. Dann habe ich sie auf den schwerwiegendsten Mangel ihres Teichs hingewiesen: Er hatte keine Tiefzone. „Hätte er eine ordentliche Tiefzone, wären die Fische wohl noch am Leben."

Ich schlug also vor, in der Mitte des Gewässers einen Bereich zu schaffen, der vier – besser fünf – Meter tief sein sollte. Maschinen gab es hier genug und der Eingriff war gemessen an der Dimension der gesamten Anlage absolut verhältnismäßig und sinnvoll.

„Mit dem richtigen Werkzeug ist das schnell erledigt“, habe ich den misstrauisch dreinschauenden Herren erklärt. „Das muss sein. Punkt.“ Denn im Winter wird das Wasser oben zu kalt und im Sommer wird es oben zu warm. Also brauchen die Fische einen Rückzugsbereich, der im Winter weniger kalt und im Sommer weniger warm ist. Sonst leiden sie und überleben eher schlecht als recht. Man sollte grundsätzlich nie an die Grenze dessen gehen, was die Tiere maximal aushalten.

Daher mein Vorschlag: „Es braucht hier Tiefzonen und Flachzonen. Außerdem einen Bewuchs in den Flachzonen und im Uferbereich.“ Artgerecht war dieser Teich im damaligen Zustand jedenfalls nicht.

„Gut, aber muss es wirklich so tief sein? Und wo soll das ausgehobene Material bloß hin?“, hat man mich gefragt.

Daraufhin habe ich den Zweiflern am Computer gezeigt, was ich vor vielen Jahren in Spanien gebaut hatte: etliche, riesige Teiche.

Der größte davon war an der tiefsten Stelle mehr als zehn Meter tief. Das ausgehobene Material haben wir selbstverständlich nicht abtransportiert – das wäre viel zu umständlich, zeitaufwändig und unnötig teuer gewesen. Stattdessen haben wir es an Ort und Stelle, also im Teich selbst, zu einer Insel aufgeschüttet.

Überhaupt sollte Material nie weite Wege zurücklegen, sondern nach Möglichkeit lokal verwendet werden. Dabei ist immer darauf zu achten, dass Oberboden, Sand und Lehm nicht vermischt, sondern separat verwendet werden. Mischt man es, bekommt man immer Probleme.

Wichtig ist, dass sorgfältig gearbeitet wird und, dass jemand die Aufsicht übernimmt, der praktische Erfahrung mitbringt. Ob ich mir das zutrauen würde? „Ja, aber dann müssen wir sofort anfangen – auf der Stelle, denn ich bin in wenigen Tagen wieder weg.“

Tatsächlich war schnell eine Truppe Baggerfahrer samt Maschinen zur Stelle. Der Teich wurde ausgelassen und die Arbeit konnte beginnen. Das Problem war nur, dass die Baggerfahrer noch nie so gearbeitet hatten, wie ich es von ihnen verlangt habe. Es dauerte eine ganze Weile, bis sie es so gemacht haben, wie's richtig ist.

Wo ich auch hinkomme, immer sind Baggerfahrer dabei, die „Sturschädel“ sind. Kaum dreht man sich um, machen sie es wieder so, wie sie meinen.

Teichbau ist eine Arbeit, die man Profis überlassen sollte. Wer das noch nie gemacht hat, wird scheitern. Darum sollte bei einer solchen Baustelle immer jemand mit Erfahrung vor Ort sein, der ständig darauf achtet, dass keiner etwas anderes macht, als er soll.

Der Teich wurde also nach meinen Anweisungen umgestaltet. Am Ende der Bauarbeiten war ich aber nicht mehr vor Ort, sondern schon wieder zu einem anderen Projekt geholt worden. In solchen Fällen bleibt immer nur die Hoffnung, dass die Bauträger und Maschinisten verstanden haben, was wesentlich und wichtig ist und das alles genauso umgesetzt wird, wie besprochen: Schritt für Schritt, ohne Schlamperei, sorgfältig und mit Verstand. Leider ist das nicht immer der Fall.

Sepp Holzer: „Beim Erdbau ist es wichtig, dass sorgfältig gearbeitet wird und, dass jemand die Aufsicht übernimmt, der praktische Erfahrung mitbringt.“ © Josef Holzer

REPUBLIK TSCHUWASCHIEN VON SEPP HOLZER

Nach Russland bin ich oft gerufen worden, weil ein Damm kaputt geworden war. Meistens war mangelnde Sorgfalt beim Bau die Ursache für den Schaden. Denn wenn man beim Bau schlampig ist und Humus, Lehm und Sand mischt, lässt sich diese Mischung nicht verarbeiten. Der Damm mag noch so breit sein, er wird sich niemals verdichten lassen, wenn man das Material unsachgemäß behandelt.

Ein paar Jahre kann das vielleicht gut gehen, aber irgendwann fängt das Wasser an, durch den Damm zu sickern. Denn Wasser hat einen *kleinen Kopf* und ist der Widerstand erst einmal überwunden, fängt das Wasser an zu *spülen* – und dann ist *Feuer am Dach*! Es unterspült den Damm, bis er einbricht. Ein immenser Schaden! Dabei wäre das einfach zu verhindern. Humus gehört zu Humus, Lehm zu Lehm, Sand zu Sand und Schotter zu Schotter. Entscheidend ist, dass die einzelnen Bodenschichten und -qualitäten separat verarbeitet werden.

Was passiert, wenn man das nicht tut und beim Dammbau Humus, Sand und Lehm wild durcheinandergemischt werden, habe ich zum Beispiel in Tschuwaschien, Russland erlebt.

Ich war geholt worden, weil ein riesiger Teich – tatsächlich hätte man glauben können es handle sich um einen See – große Mengen Wasser verloren hatte. In nur einem Monat sei der Wasserstand um ganze fünf Meter gesunken. „Das Wasser ist verdunstet“, hat man mir erklärt. „Unmöglich!“, habe ich gesagt. „Durch Verdunstung allein kann ein so großer Teich in so kurzer Zeit nicht so viel Wasser verlieren. Das gibt es nicht.“

Anwesend waren Sachverständige und auch Professoren von einer nahegelegenen Universität. Die waren aber bockstur und überzeugt: „Das Wasser ist verdunstet. Es wird doch keiner das Wasser gestohlen haben, Herr Holzer!

„Schauen wir uns das doch genauer an“, schlug ich vor und ging mit den Herren rund um den Teich herum. Am Ende der Begehung standen wir auf einem riesigen Damm. Mehr als sechs Meter hoch und über 40 Meter breit. „Wohin soll das Wasser denn sein? Es kann nur in die Luft verschwunden sein.“

Am Fuße der Außenseite der Konstruktion war dichte Vegetation zu sehen – größere Sträucher und Stauden – ansonsten ringsum nur trockene Wiesen.

Ich schlug vor, hinunter zu den Sträuchern zu gehen. „Das ist keine gute Idee, denn da unten sind viele Wildschweine. Die sind gefährlich! Die greifen an!“, hat man mich gewarnt.

„Also wenn das so ist, weiß ich, was hier los ist“, habe ich gesagt. „Wildschweine haben keine Schweißdrüsen, die müssen sich im Wasser suhlen können. Wenn dort unten also tatsächlich Wildschweine leben, dann muss es dort auch Wasser geben. Das würde auch erklären, warum der Bewuchs dort so üppig ist, obwohl ringsum doch alles knochentrocken ist.“

Wir gingen also hinunter und haben uns umgesehen. Wildschwein habe ich keines gesehen, aber – etwa hundert Meter vom Damm entfernt – eine breite, nassfeuchte Fläche. Sie lag etwas niedriger als der Dammfuß und war durch und durch nass. Das Wasser kam eindeutig aus dem Teich, war aber nicht durch den Damm gesickert, sondern unten durch. Hier trat es schließlich wieder aus.

„Wie habt ihr diesen Damm denn gebaut?“, wollte ich wissen. Man erklärte mir, dass man mehrere Planierraupen benutzt hatte. Diese hatten Material aus der Umgebung zusammengeschoben und dann verdichtet. „Welches Material genau habt ihr benutzt?“, habe ich nachgefragt.

Es stellte sich heraus, dass völlig willkürlich eingearbeitet worden war, was gerade da war. Einen anständigen Dammfuß mit entsprechendem Aufbau gab es nicht. Man war davon ausgegangen, dass eine Dammbreite von über 40 Metern das Wasser genauso gut halten würde. Das stimmt aber nicht.

Den Damm hatte man absolut unprofessionell aufgebaut. Darum ist das Wasser nach und nach, und zwar jahrelang, unten durchgesickert und hat sich jenseits des Damms ausgebreitet. Wenn – wie es hier der Fall war – das Wasser im Teich fünf Meter tief ist, übt es einen permanenten Druck von 0,5 bar aus. Und das war hier offensichtlich genug gewesen, dass das Wasser unter den Damm durchsickern konnte. Wäre der Damm nicht gar so mächtig gewesen – er war an manchen Stellen fast 50 Meter breit – wäre er wohl schon längst unterspült worden und eingebrochen.

Man hat meinen Erklärungen zwar zugehört, aber niemand hat mir geglaubt.

Sepp Holzer bei einer Besprechung in Russland © Josef Holzer

„Das kann nicht sein", meinten die Herren. Wenn das so wäre, wäre das Wasser doch in viel kürzerer Zeit verloren gegangen.

„Das Wasser hat Zeit. Viel Zeit. Was meint ihr, wie alt sind diese Sträucher und Stauden dort drüben?", habe ich gefragt und dorthin gezeigt, wo angeblich die Wildschweine wohnten.

„Vielleicht zehn oder zwölf Jahre", war die Antwort. „Aha. Und wieso ist kein Strauch und kein Baum darunter, der älter ist?"

Offensichtlich verlor dieser Damm schon seit ungefähr zwölf Jahren Wasser. Davor war es hier eindeutig zu trocken für Sträucher gewesen. Erst durch die Feuchte konnten Samen keimen und eine dichte Vegetation entstehen. Das Wasser war also nicht, wie behauptet, von heute auf morgen verdunstet, sondern über Jahre gewandert.

Lange Streitgespräche folgten. Erst am nächsten Tag – ich war als Gastvortragender zur Universität geladen – haben sie sich überwunden einzugestehen, dass stimmte, was ich ihnen erklärt hatte. Was sie jetzt tun sollten, wollten sie wissen. Den Damm abzureißen sei jedenfalls keine Option – viel zu aufwändig und viel zu teuer.

Mein Vorschlag war aber ohnehin ein anderer: Weil der Damm so außergewöhnlich breit war, musste man ihn nicht abtragen, um ihn neu aufzubauen. Es genügte, einen etwa sechs Meter breiten Graben den Damm entlangzuziehen und diesen dann auszubaggern. Und zwar so lange, bis man auf den dichten Boden stößt. Dann noch zwei Meter tiefer graben und von dort ausgehend Schicht für Schicht bis obenhin eine Sperrschicht aus Lehm aufbauen. Entscheidend dabei ist der Verbund des Materials, weshalb

Fertiger See in Russland © Josef Holzer

die einzelnen Schichten nicht zu dick aufgetragen werden dürfen und mit Rüttelmaschinen ordentlich verdichtet werden müssen. Durch solch einen Aufbau könne in Zukunft kein Wasser mehr sickern.

Das hat die Professoren überzeugt. Sie waren froh, dass sie auf diese Weise den Damm reparieren konnten, ohne ihn abreißen zu müssen. Sie haben es dann auch genauso gemacht und heute haben sie einen wunderbaren Teich, so groß wie ein See.

SIBIRIEN VON SEPP HOLZER

Wieder ein anderes Projekt – diesmal in Sibirien. Eine Siedlungsgemeinschaft hatte hunderte Hektar Land gekauft und die sollte ich mir ansehen. Insgesamt sollten hier 300 Häuser gebaut werden. Immerhin 170 davon waren zum Zeitpunkt meines Besuchs auch schon fertig. Viele davon waren wunderschöne Rundholz-Bauten. „Klassisch russische Bauart!“, hat man mir erklärt. Wirklich fesch – super Handwerk! Während der Begehung fragte ich die Verantwortlichen, wieso man sich entschlossen hatte, so weit unten im Gelände zu bauen. „Das ist doch eine große, breite Mulde, in der wir hier stehen. Wieso baut ihr ausgerechnet an der tiefsten Stelle dieser Landschaft eure Häuser?“ Weil hier „die beste Erde“ sei, hat man mir geantwortet: „Viel Erde, gute Erde“. Das sei auch der Grund dafür, warum die tiefergelegenen Grundstücke auch die teuersten hier seien. Aha.

„Und das Wasser? Macht euch das keine Sorgen?" „Nein, keine Sorgen. Warum auch?" Hier habe es noch nie ein Problem mit dem Wasser gegeben. „Aber wenn ein richtiger Wolkenbruch kommt, dann stehen die Häuser da unten unter Wasser. Wo soll es denn auch anders hin?", habe ich erklärt. „Nein, nein. Kein Problem".

Wir gingen noch weiter hinunter in die *Mulde*. Da fiel mir etwas auf. Mit dem Zeigefinger zeige ich in die Baumkrone über mir. „Seht ihr das. Wie ist das da raufgekommen?" In etwa fünf oder sechs Metern Höhe war langes, trockenes Gras fest um den Stamm des Baumes gewickelt. „Das? Ach, das müssen Kinder gewesen sein. Oder der Wind." „Nein. Das waren keine Kinder und auch kein Wind. Das war ein Hochwasser." „Nein. Bestimmt nicht. Niemals gab es hier Hochwasser und wir sind schon seit Jahren hier."

Ich habe ihnen noch einmal erklärt, dass die Art und Weise, wie das Gras da oben um den Stamm gewickelt war, eindeutig auf eine Überschwemmung hinwies. „Hier gab es ein Hochwasser. Vor sechs, vielleicht sieben Jahren. Viel länger ist das nicht her, denn ansonsten wäre das Gras schon verrottet. Schaut in den Wetteraufzeichnungen nach. Ich bin mir absolut sicher."

Kein Mensch hat mir geglaubt. Niemand. „Mein Vorschlag: die Häuser, die ihr unten gebaut habt, so schnell wie möglich wieder abtragen und weiter oben wieder aufbauen. Denn da unten, das ist ohne Zweifel eine Gefahrenzone, eine *Rote Zone*. Wenn noch einmal so ein Wetter daherkommt, staut sich das Wasser hier unten. Dann sind all diese Häuser, alles, was ihr gebaut habt, fort. Ihr müsst mit fünf Meter Wasser und mehr rechnen. Das kann jederzeit geschehen. Ihr dürft nicht warten." Dann wurde viel getuschelt und aufgeregt telefoniert.

Am nächsten Morgen – ich sollte ein Seminar für die Siedler abhalten – warteten schon alle. Mit hängenden Köpfen und verheulten Gesichtern standen sie da. Was denn passiert sei, wollte ich wissen. Niemand hätte letzte Nacht geschlafen. „Wir haben nachgeforscht. Vor acht Jahren gab es hier tatsächlich ein verheerendes Hochwasser. Genauso, wie sie gesagt haben."

VERBRANNTE ERDE VON SEPP HOLZER

Eines Tages erreichte mich ein Brief aus Russland. Die Absenderin kannte ich nicht. Ich solle nach Sotchi kommen und mir dort ein Grundstück ansehen. Dieses sei „genossenschaftlich verwaltet", gehöre aber im Grunde dem Präsidenten, Wladimir Wladimirowitsch Putin.

Geplant sei ein Termin mit Putin persönlich – in Sotchi. Ich solle ihn dort beraten und auch einen Vortrag vor Publikum halten. Dem Schreiben zufolge hätte Putin auch noch andere, große Besitztümer in Russland, die ich mir ebenfalls ansehen solle. Das erste Projekt aber, so der Brief, sei jenes in Sotchi. Wann ich denn Zeit hätte zu kommen?

Zuerst habe ich darauf gar nicht geantwortet, obwohl ich bis dahin ausgesprochen gute Erfahrungen in Russland gemacht hatte. Mit Ukrainern im Übrigen genauso. In beiden Ländern habe ich viele Menschen selbst ausgebildet. Allein in Russland waren das über 120 Personen, die ich über einen längeren Zeitraum intensiv betreut habe. Ich nahm sie auch auf zahlreiche Reisen mit: nach Portugal, Italien und sogar in die USA.

Projektbesprechung in der Ukraine © *Josef Holzer*

Sie alle waren begeisterungsfähig, interessiert und ausgesprochen freundlich – stets bemüht, alles richtig zu machen. Tadellos.

Jedenfalls habe ich die besten Erfahrungen mit diesen Menschen gemacht, die mich mit Geschenken, Einladungen und Dankesbriefen regelrecht überhäuften. Es war fast schon zu viel des Guten.

Und in der Ukraine war es genau dasselbe. Übrigens waren manche Kursgruppen auch gemischt. Ukrainer und Russen haben sich dabei immer vertragen. Nie gab es ein Problem, nicht das geringste.

Aber dann besetzte Putin im Frühjahr 2014 die Krim! „Wieso um Himmels willen hat er das gemacht?", habe ich mich immer wieder gefragt. Wozu? Ukrainer und Russen, das sind doch Brüder, hatte ich immer gedacht – und so auch erlebt.

Ungefähr zur selben Zeit kamen die erwähnten Einladungen aus Sotchi. Und dann noch eine und noch eine. Die Briefe waren eigenartig formuliert: Einerseits waren es Aufforderungen, nach Sotchi und andere Teile Russlands zu kommen – wo Putin ebenfalls Grundstücke hätte, die ich mir ansehen solle – und andererseits der Versuch eines russischen Verlags, mir Exklusivrechte für meine Buchveröffentlichungen in russischer Sprache abzuringen. Beides wollte ich aber nicht machen.

Später habe ich auch erfahren, was der Grund für das Ansuchen des Verlages war: Bis dahin hat-

Sepp Holzer in der Ukraine *© Josef Holzer*

te ein Verlag in der Ukraine meine Bücher in russischer Sprache veröffentlicht und in ganz Russland vertrieben. Nach der Annexion der Krim lieferte dieser Verlag seine Bücher aber nicht mehr nach Russland. Darum also sollte ich den Russen jetzt die Exklusivrechte überlassen. „Nein, das mache ich nicht", habe ich also geschrieben, „das lehne ich ab." Außerdem sei das rechtlich gar nicht möglich, dem ukrainischen Verlag – noch dazu ohne jeglichen Grund – die Rechte zu entziehen.

Jedenfalls hat der Besuch in Sotchi nie stattgefunden und Putin habe ich persönlich nie getroffen.

Das war wohl auch besser so. Was ich ihm gesagt hätte? Vielleicht hätte ich ihn gefragt, wie man so *deppert* sein kann, ohne triftigen Grund einen Nachbarn anzugreifen. Für mich jedenfalls ist das nicht erklärbar, nicht rational.

Ob es was mit der Tatsache zu tun hat, dass die Ukraine die besten Böden hat, die ich je gesehen habe? Ich habe dort viele Projekte umgesetzt: Gut zwei Meter tief reicht die schwarze Erde, genannt *Tschernosem*. Darauf folgt eine 1,5 bis 2 Meter mächtige Schicht Braunerde. Wo ich auch gegraben habe: überall die allerbeste Erde, gerade so, als wühle man in einem riesigen Komposthaufen. Ich persönlich kann mir schon vorstellen, dass Putin diese Erde, diesen gewaltigen Schatz, für sich haben will.

Dieser Krieg ist eine menschgemachte Katastrophe, die ich nicht habe kommen sehen. Ein Wahnsinn. Ein Verbrechen.

DETROIT & MALIBU, USA VON SEPP HOLZER

Meine Arbeit als Berater hat mich auch öfter nach Nordamerika geführt.

Dass die USA jemals so heruntergewirtschaftet sein würden, so kaputt, hätte ich niemals für möglich gehalten. Ich habe in Michigan, Montana, Texas und in Kalifornien etliche Seminare und Vorträge abgehalten. Natürlich hatte jeder Bundesstaat seine eigenen Probleme, aber überall waren sie groß – und überall waren sie zahlreich.

In Detroit angekommen, sind mir gleich die großen Schilder entlang der Straßen aufgefallen, mit denen Kriegsveteranen um Geld gebettelt haben. Menschen, die in Vietnam, Afghanistan oder im Irak gedient hatten, standen jetzt auf der Straße – hungrig, schmutzig und bitterarm.

Überhaupt: Detroit ist so dermaßen kaputt – unvorstellbar! Dorfgroße Gegenden sind komplett abgebrannt.

„Wieso hat es hier gebrannt?", wollte ich wissen. „Weil jemand Feuer gelegt hat", war die Antwort.

Etliche Menschen wurden obdachlos und lebten auf der Straße. Sie schliefen in Autos oder in behelfsmäßigen Hütten und Zelten. Ich habe mir selbst angesehen, wie sie dort leben, wurde aber sofort von meinem Gastgeber, einem Universitätsprofessor, zurückgeholt und geschimpft. Das sei kein Ort für Touristen. Hier dürfe ich mich nicht bewegen. „Viel zu gefährlich! Diese Menschen haben oft gar nichts mehr. Die beklauen und überfallen dich!", hat man mich gewarnt.

Wir haben uns rasch dem Projekt zugewandt, bei dem ich helfen sollte. Der Professor hatte Leerstände aufgekauft, darunter einige ehemalige Institutsgebäude einer Universität. Dazu muss man wissen, dass in Detroit zigtausende Gebäude leer stehen und verfallen.

Leerstand in Detroit © *Josef Holzer*

Urban Gardening Projekt Detroit *© Josef Holzer*

Dem Professor sollte ich einen großen, schönen Garten auf dem Vorplatz eines Gebäudekomplexes anlegen.

Wir haben uns alles genau angesehen und als wir endlich anfangen konnten, da mussten wir auch schon wieder aufhören. „Ja, Teufel! Was ist denn das!?".

Müll! Und noch mehr Müll. Blech. Plastik. Autos. Alles wild durcheinander! Kaum zu glauben, aber das Gelände rund um die ehemalige Universität war offenbar als Mülldeponie genutzt worden. Der Müll war fünf oder sechs Meter „tief" und bloß mit ein bisschen Erde zugedeckt worden.

„Nein, einen Garten werden wir hier heute leider keinen bauen können", musste ich dem Professor mitteilen. Auch er war geschockt. Nie hätte er gedacht, dass der Boden unter seinen Füßen in Wahrheit ein Haufen Müll war.

Dann ging es nach Kalifornien. Wieder alles ganz anders. Bekanntlich leben dort viele Reiche und das sieht man auch: riesige Häuser, riesige Einfahrten, riesige Türen! Viel Blödsinn, den man nicht braucht. Motto: Hauptsache groß.

Ich war zu einem ehemaligen Skistar, dem Österreicher Klaus Heidegger, bestellt worden. In den 1970er Jahren war er einer der besten Riesenslalom- und Slalomläufer der Welt. Nach seiner Sportlerkarriere heiratete er eine Amerikanerin und stieg in die Kosmetikindustrie ein. Er lebte schon lange in der Nähe von Los Angeles, im San Fernando Valley. Auf seinem Anwesen – wenn es groß genug ist, sagen sie *Ranch* dazu – sollte ich also beraten. Etliches war schon gepflanzt und gebaut worden: riesige Palmen und Obstbäume, vor dem Haus ein mordsdrum Pferdestall und dazu noch eine separate Gäste-Villa. Dahinter – *Bumm!* – ein schöner, weiter Hang. Insgesamt 20 Hektar Eigengrund in einer sagenhaft teuren Gegend.

„Also? Was ist zu machen? Warum bin ich hier?", wollte ich wissen.

„Das Wasser ist das Problem", war die Antwort. Das Wasser musste nämlich recht umständlich vom Pazifik, also von weit unten und weit weg, hochgepumpt werden. Außerdem sei es immer zu wenig.

Wir haben uns das Gelände also genau angesehen. Auch die Nachbargrundstücke. Dabei habe ich bemerkt, dass es in der direkten Nachbarschaft bereits gebrannt hatte. Und auch, dass oberhalb des Grundstücks das Wasser, das hinunter zum Pazifik will, bereits großen Schaden angerichtet hatte. Deutlich waren die Spuren der Erosion zu erkennen: bis zu 1,5 Meter tiefe Erosionsgräben.

Auch hat man mir erzählt, dass die Straße oberhalb des Grundstücks immer wieder von Schlamm und Geröll geräumt werden musste. Schuld war das Wasser, dass sich den kürzesten Weg zum Pazifik sucht.

„Das Wasser will ins Meer. Und was willst du?", fragte ich Klaus. Er war ganz offen und meinte: „Wollen würde ich alles, Sepp. Aber Ahnung habe ich leider keine."

Das war auch der Grund, weshalb er sich einen ganzen Haufen Planer und Architekten geholt hatte. Und mit denen sollte ich mich jetzt, nachdem ich das Grundstück gesehen und mir ein Bild der Lage gemacht hatte, austauschen.

Leider war schnell klar, dass ich mit denen überhaupt nicht arbeiten kann. Komplett verkopft sind die an die Sache herangegangen. Ständig haben sie mir erklärt, was alles nicht geht, aber das Wesentliche, haben sie nicht begriffen.

Schließlich habe ich den Klienten zur Seite genommen: „Jetzt pass' mal auf, Klaus", habe ich gesagt und auf den Hang oberhalb des Hauses gezeigt: „Dort oben ist Wasser. Genug Wasser. Vielleicht sogar zu viel Wasser. Und niemand kann mir etwas anderes erzählen."

Das Einzugsgebiet war nämlich riesig und laut Aufzeichnungen regnete es hier im Schnitt immerhin 400 mm pro Saison. „Wasser gibt es hier genug. Wir müssen es nur sammeln", habe ich ihm erklärt. Wenn er das aber nicht täte, würde das Wasser und das, was es mit sich führt, früher oder später großen Schaden auf seinem Grundstück anrichten. Die Pferdeställe und Villen waren in Gefahr.

„Bist du sicher!?", hat Klaus gefragt. „Natürlich bin ich mir sicher! Wo soll das Wasser denn auch hin? Und Achtung: Wenn es hier stärker regnen sollte, nimmt das Wasser bestimmt auch große Mengen Schlamm und Geröll mit." Daher schlug ich vor, am oberen Ende des Grundstücks – dahinter ging es noch viel weiter bergauf – eine Art Retentionsraum für dieses Material zu schaffen, damit es im Fall des Falles dort liegen bleiben und nicht weiter den Hang hinunterstürzen würde. Das leuchtete ein und wurde auch prompt so umgesetzt.

„Als nächstes kümmern wir uns um das Wasser", habe ich Klaus gesagt und ihm erklärt, dass es auf dem Grundstück bestimmt Quellaustritte geben musste – das war ganz deutlich an der Vegetation zu erkennen. „Bist du sicher?" „Ja, da bin ich mir sicher. Ich kann dir zwar nicht garantieren, dass wir die Quellen fassen können, aber es gibt sie."

Dort, wo der Bewuchs besonders frisch und grün war, haben wir also nachgesehen, händisch nachgegraben und – siehe da! – am Ende haben wir nicht nur eine, sondern gar sieben Quellen gefunden und gefasst. Fünf davon haben wir in einem großen Wasserspeicher zusammengeführt und dann die Wassermenge gemessen: Gut ein Sekundenliter bestes, frisches Quellwasser hatten wir jetzt zur Verfügung!

Als Klaus diese Quellfassung gesehen hat, war er total begeistert und konnte es kaum glauben – seine Architektin war fassungslos.

„So. Und jetzt brauchen wir einen größeren Bagger", habe ich beiden erklärt. Denn nach dem Quellwasser mussten wir uns um das Oberflächenwasser kümmern. „Regnet es hier einmal richtig stark, kommt sehr viel Wasser zusammen. Wenn das dann ungebremst und unkontrolliert den Hang runter fließt, sind alle Gebäude, Straßen und Pflanzungen massiv gefährdet."

Klaus hat sich das angehört und schließlich eingewilligt, ein großes Retentionsbecken für das Oberflächenwasser zu bauen. „Aber muss es wirklich fünf Meter tief sein?"

„Selbstverständlich, denn mit dem Wasser kommt auch viel Material mit. Eventuell gehen dann sogar Muren ab. Und wenn das geschehen sollte, dann sollen sie hier zu liegen kommen und nicht weiter unten Schaden anrichten", habe ich erklärt.

Wieder war die Architektin ganz außer sich und absolut gegen meinen Plan. Daraufhin habe ich ihr deutlich meine Meinung gesagt. Und zwar dermaßen deutlich, dass sie ganz bleich geworden ist. Zum Thema Wasser und Muren hat sie ab dann jedenfalls nichts mehr gesagt. Und das war auch gut so, denn sie hatte ganz offensichtlich keine Ahnung davon.

Ich hatte mir bei der Begehung das Gestein oberhalb des Grundstücks genau angesehen. Es war äußerst brüchig und wurde an der Oberfläche nur von den Wurzeln der Büsche und Sträucher zusammengehalten. Wenn die aber brennen – und es waren Spuren von früheren Waldbränden zu sehen – sterben auch die meisten ihrer Wurzeln ab und so kann das Material zu wandern beginnen. Erst recht, wenn große Wassermassen es anschieben, aus- oder unterspülen.

Wenige Monate später – das Bau-Projekt war noch gar nicht ganz abgeschlossen, ich aber schon wieder zu Hause – erhielt ich einen Anruf von Klaus:

„Alle sind abgebrannt. Rundherum alles weg. Allein mein Grundstück hat das Feuer nicht angerührt! Sepp, du bist ein Hellseher! Ohne dich wäre hier jetzt alles kaputt!"

Natürlich bin ich kein Hellseher. Man muss nur in der Natur lesen und sich fragen: „Was kann hier passieren? Kann ein Hochwasser kommen? Besteht Brandgefahr?"

Die Natur gibt dir immer die nötigen Hinweise. Wenn es beim Nachbarn schon gebrannt hat, kann es auch bei dir brennen. Und selbst wenn es bei dir nicht brennt, kannst du trotzdem vom Brand betroffen sein. Denn nach dem Brand kommen die Muren und das habe ich Klaus auch gesagt: „Gib acht! Jetzt, nach dem Feuer, kann das Material zu wandern beginnen."

Und tatsächlich: Nur wenige Monate später läutete wieder das Telefon: „Sepp! Muren! Genauso, wie du gesagt hast!"

Was war geschehen? Es hatte heftig und lange geregnet. Die Vegetation und die entsprechende Bewurzelung hatte sich noch nicht von den Bränden erholt und so war das Material – kleinere und größere Steine – von großen Wassermassen in Bewegung gesetzt worden.

Aber die Muren und Schlammmassen konnten auf Klaus' Grund keinen größeren Schaden anrichten. Sie sind, wie dafür vorgesehen, in den Retentionsbereichen liegengeblieben. Das oberste, richtig große Becken, das, das wir als erstes gebaut hatten, sei jetzt bis oben hin voll mit Geröll, Schlamm und Steinen, meinte Klaus am Telefon: „Riesige Brocken! Wenn die den Hang hinuntergerasselt wären, ich weiß nicht, was von meinen Häusern noch übrig wäre!" Denn Haus, Gästevilla und der Reitstall waren genau in der Flucht der Muren. Alles wäre kaputt gegangen und er sei so dankbar, dass ich ihn rechtzeitig gewarnt und gut beraten hatte. Später schrieb er mir dann auch noch einen Brief:

Lieber Sepp,

ich bin gerade auf meiner Ranch in Malibu und muss Dir ein großes Danke sagen.

Es grünt und blüht in einer Wüste von Schutt und Asche (...) Danke dafür, dass Du mich vor Jahren überzeugt hast, dass man trockenen Boden einfach nur richtig behandeln und pflegen muss. Durch Deine Holzer'sche Permakultur-Methode hast Du aus meinem Grundstück ein grünes Juwel gemacht. (...) Es war sehr schlimm beim letzten großen Feuer in Malibu – auch in meiner Nachbarschaft.

Links von mir ist der Malibu Tennis Club völlig abgebrannt, rechts von mir die neuerbaute Villa eines Nachbarn. Vor meinem Grundstück hat das Feuer fast gänzlich Halt gemacht. Die sieben Quellen, die Du gefunden und gefasst hast, bewässern seither den kultivierten Boden und haben ihn natürlich „nass und feucht" werden lassen. Die Pflanzen standen im satten Grün und die beiden großen Retentionsbecken waren zur Hälfte mit Wasser gefüllt. All das hat meinem Grund Widerstandskraft gegen die Flammen gegeben.

Doch ich muss Dir noch einmal Danke sagen! Denn, nach dem Feuer kam der heißersehnte Regen und somit für die meisten Grundbesitzer an und in den Hügeln von Malibu die nächste Katastrophe: Schlamm und Geröllawinen machten Straßen, Canyons und viele Grundstücke unzugänglich. Wieder waren es die von Dir erdachten und errichteten Retentionsbecken und die Terrassen, welche den ganzen Hügel über angelegt wurden, die ein Überfluten meiner beiden Häuser verhindert haben.

Ich habe es Dir und Deinem umsichtigen Umgang mit der Natur und deren Bedingungen also gleich zweimal zu verdanken, dass mein Haus noch steht und es auf meinem Grundstück am Pacific Coast Highway grünt und gedeiht.

Danke Sepp! Danke deiner Permakultur!

Dein Klaus Heidegger

Sepp Holzer und Klaus Heidegger © Josef Holzer

Josef A. Holzer: „Unser Ziel ist es, resiliente, an den Klimawandel angepasste Kulturlandschaften zu entwickeln."
© Josef Holzer

POTENZIALE ERKENNEN UND NUTZEN

LÖSUNGEN NACH MASS VON JOSEF A. HOLZER

Im Umgang mit unseren Ressourcen und Kulturlandschaften müssen wir viel mehr Professionalität an den Tag legen als bisher – und das gilt auch für die Permakultur.

Mein eigener Beitrag zur Professionalisierung ist die Holzer Permaculture Solutions GmbH.

Mittendrin in der sich ausrollenden Pandemie haben wir 2020 ein technisches Büro für Beratung, Planung und Umsetzung von maßgeschneiderten Flächenlösungen gegründet.

Die grundsätzliche Idee dahinter: mehr Expertise in die Kulturlandschaftsplanung einbringen, zeigen, was alles möglich ist, wenn man sich professionell mit Landschaft, Boden, Wasser und Vegetation auseinandersetzt.

Erst nach der Gründung unseres Unternehmens habe ich erfahren, dass es als „Nature-based Enterprise" eingestuft wird. Das hat zwar eine etwas neumodische Note, beschreibt aber treffend, woran wir arbeiten: an Lösungen aus der Natur.

Josef A. Holzer: „Jede Fläche hat spezifische Potenziale und Limitationen, die es zu erkunden gilt."

Das heißt, Natur ist Gegenstand und Werkzeug unserer Bemühungen, gute, im Sinn von kosteneffiziente und weitsichtige, Lösungen zu entwickeln.

Dazu analysieren und interpretieren wir die konkreten, naturräumlichen Bedingungen und bestimmen so die spezifischen Potenziale und Limitationen der Fläche.

Die Basis unserer Arbeit bilden geologisch-geotechnische sowie hydrologische Untersuchungen. Alle wesentlichen Parameter zu Gelände, Wasserhaushalt, Boden, Vegetation und Naturgefahren werden erhoben. Wir berechnen Oberflächenwasser (Niederschläge), erkunden Fließpfade, Einzugsgebiete, den Untergrundaufbau, nehmen Wasser-, Boden- und Gesteinsproben und suchen nach Möglichkeiten der Wasserretention.

Darauf aufbauend, also mit belastbaren Daten, entwickeln wir resiliente, an den Klimawandel angepasste Kulturlandschaften mit Fokus auf den Wasserhaushalt, den Boden und der Förderung von Biodiversität.

Im Sinne der Prinzipien der Permakultur orientieren wir uns in unserer Arbeit an den komplexen und produktiven Wechselbeziehungen und Mustern in der Natur, nutzen die spezifischen lokalen Gegebenheiten zu unserem Vorteil und planen immer mit Langzeitperspektive.

Wollen wir Kulturlandschaften so gestalten, dass sie möglichst widerstandsfähig und funktionstüchtig sind, sollten wir uns bei der Suche nach praktikablen Lösungen an der Natur orientieren. Wenn ich als Planer also an einen neuen Projektstandort gerufen werde, stelle ich mir zuerst die Frage: Was würde die Natur hier wohl entstehen lassen?

Gestalten nach dem Vorbild der Natur *© Josef Holzer*

VORBILD WALD VON JOSEF A. HOLZER

Wald bildet bei uns eine sogenannte *Klimaxgesellschaft*, beziehungsweise das *Klimaxstadium*. Das ist ein Begriff aus der Systemtheorie und beschreibt den am weitesten entwickelten Zustand eines Prozesses.

In unserem Fall sind das Naturprozesse, die ihre höchste Entfaltung im System Wald erreichen. Der Artenreichtum ist hier besonders hoch und das System findet sich – Umwelteinflüssen trotzend – in einem relativen ökologischen Gleichgewicht.

Die Klimaxgesellschaft
Als Klimaxvegetation beziehungsweise -gesellschaften bezeichnet man die Pflanzengemeinschaft, die am Ende eines natürlichen Vegetationswechsels innerhalb eines Ökosystems steht. Tropische Regenwälder, Prärien oder auch Korallenriffe sind Beispiele für Klimaxgesellschaften.

Ohne die Anwesenheit des Menschen würden in Mitteleuropa differenzierte Mischwälder die natürlichen Klimaxgesellschaften darstellen. Diese Wälder sind nicht nur äußerst stabil und hochproduktiv, sondern auch immun gegen Erosion. Sie bauen Humus auf und können große Mengen Wasser speichern.

Die Kalamitäten sind hier im Vergleich zu Monokulturen sehr gering, denn durch die höhere Diversität, können sich einzelne Schädlinge dort kaum durchsetzen. In natürlichen Systemen sind die Verluste vernachlässigbar und Wald ist eines der stabilsten Natursysteme, das wir in Europa haben, beziehungsweise hätten. Seine Fähigkeit, sich kleinsträumig gut anzupassen, macht ihn auch großräumig fast unzerstörbar. Nur Menschen und große Naturkatastrophen – beispielsweise Vulkanausbrüche – können Wälder großflächig vernichten.

Anstelle natürlicher Wälder sind Kulturlandschaften entstanden, die geprägt sind von Altersklassenforsten, Reinbeständen und Kahlschlägen. Sprich: Es wird mit einem System gearbeitet, dessen Vorbild nicht der Wald, sondern die Landwirtschaft ist.

Die Struktur dieser Forste, sei wirtschaftlich überlegen. In der Theorie mag das vielleicht zutreffen, in der Praxis zeigt sich aber, dass der Pflegeaufwand dieser Plantagen absolut nicht wirtschaftlich ist – und es auch nicht sein kann.

Ohne menschliche Einflüsse entstünden in Mitteleuropa Klimaxwälder. Im Nationalpark Kalkalpen hat man herausgefunden, dass es bis zu 1.000 Jahre dauert, ehe unter hiesigen Bedingungen wieder Urwald entsteht.

Wald ist viel zu groß, um ihn, gleich einem Garten oder Feld, immerfort zu pflegen. „*Wir kommen nicht hinterher*", klagen die Forstbesitzer, „*Es geht sich hinten und vorne nicht aus!*" Sie kommen mit der aufwändigen, aber gleichzeitig notwendigen Forstpflege einfach nicht nach und geraten ins Hintertreffen.

Durchforstungsrückstände nennt die Forstwirtschaft dieses Problem euphemistisch – wohlwissend, dass es sich in der Plantagenwirtschaft schwer verhindern lässt. Deshalb haben wir die Probleme, die wir heute haben – und bergeweise Schadholz.

Pflanzt man die Bäumchen dicht an dicht, ist die Konkurrenz groß. Sie müssen miteinander *um die Wette wachsen* und treiben in die Höhe. Darin sieht der Forstbesitzer einen doppelten Vorteil: Einerseits bilden konkurrenz-gestresste Bäume kerzengerade Schäfte mit wenig Ästen aus, und andererseits wächst die Plantage in der Anfangsphase auch besonders schnell.

Wären die Bäumchen nicht so dicht gesetzt, würden sie sich weniger in die Höhe, sondern auch in die Breite orientieren. Ihre Form wäre dann eher eine kegelige und sie hätten auch mehr Äste – Äste, die die holzverarbeitende Industrie nicht haben will. In der Plantage aber, müssen sie sich beeilen. Um von den Kollegen nicht überschattet zu werden, drängen sie zügig nach oben.

Wir sehen in Abbildung 9 auf Seite 153 auch, dass in dieser ersten Phase alle Bäume gleich groß sind. Entsprechend uniform ist aber auch der Wurzelhorizont in diesem Stadium. Alle Pflanzen nutzen also dieselben Ressourcen des Bodens – und das sorgt für Stress.

Es ist nicht ein einziger älterer Baum darunter, der für Schatten sorgen könnte und dank seiner tieferreichenden Wurzeln besseren Zugang zu Wasser hätte. Nein, in diesem System sind alle Pflanzen gleich groß und darum haben auch alle denselben Stress: Trockenstress und Konkurrenz- beziehungsweise Platz-Stress – im Wurzel- wie auch im Stammbereich.

In einem echten Wald wären die Jungbäume an ein gigantisches, unterirdisches Netzwerk angeschlossen, das sogenannte *Mykorrhiza- oder Wurzelpilze* in Kooperation mit den Wurzeln bilden. Dieses Netz – es wurde auch schon als *Wood-Wide-Web* bezeichnet – stellt in puncto Reichweite und Fassungsvermögen das eigentliche Wurzelsystem der Pflanzen in den Schatten:

Die Oberfläche des Wurzelsystems der Pflanze vergrößert sich im Zuge der Vereinigung mit Mykorrhiza-Pilzen um das Hundert- bis Zigtausendfache!

Und weil das Netzwerk der Pilze Bereiche erschließt, die weit über das Wurzelsystem der Pflanze hinausreichen, verbessert sich durch die Symbiose auch die Wasser- und Nährstoffversorgung der Bäume erheblich.

Die Mykorrhiza-Pilze scheiden über ihre feinen *Hyphen* Enzyme und Säuren aus, die es ihnen erlauben, Phosphat, Stickstoff, Eisen und andere Nährstoffe aufzunehmen. Einen wesentlichen Teil davon geben sie umgehend – und im Tausch gegen Zucker – an die verpartnerten Pflanzen ab. Einen anderen lagern sie ein, um ihn in Mangelzeiten zu mobilisieren, wie die Forschung heute weiß.

Nun fehlt unseren Plantagen-Bäumchen aber der Großteil dieser Pilze. Wenn also Mangel herrscht, es zum Beispiel längere Zeit trocken ist, können sie nicht auf die Unterstützung durch das *Wood-Wide-Web* hoffen – sie sind gewisser Maßen *offline* und somit ganz auf sich allein gestellt.

Die Bäume wachsen weiter. Um sich zu versorgen, benötigen sie mehr und mehr Nahrung und

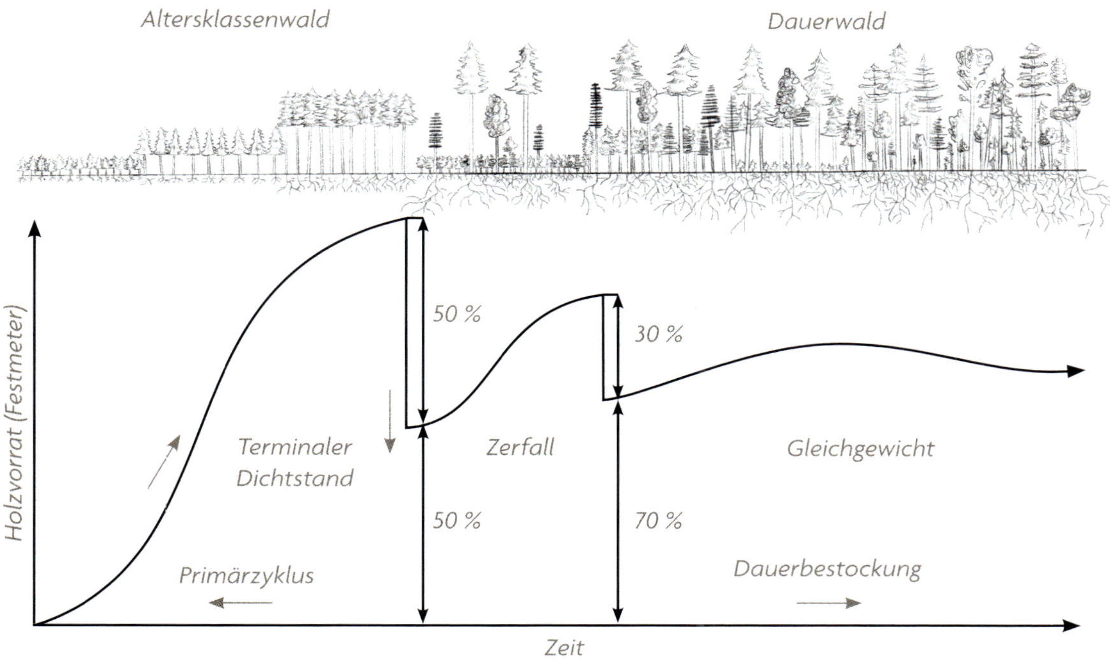

Abbildung 9: Waldentwicklung – Einschichtige Strukturen sind von Natur aus instabil und stellen unter natürlichen Bedingungen lediglich einen Zwischenschritt dar. Kahlschlag und Altersklassenbewirtschaftung verhindern die Entwicklung eines stabilen Waldsystems.

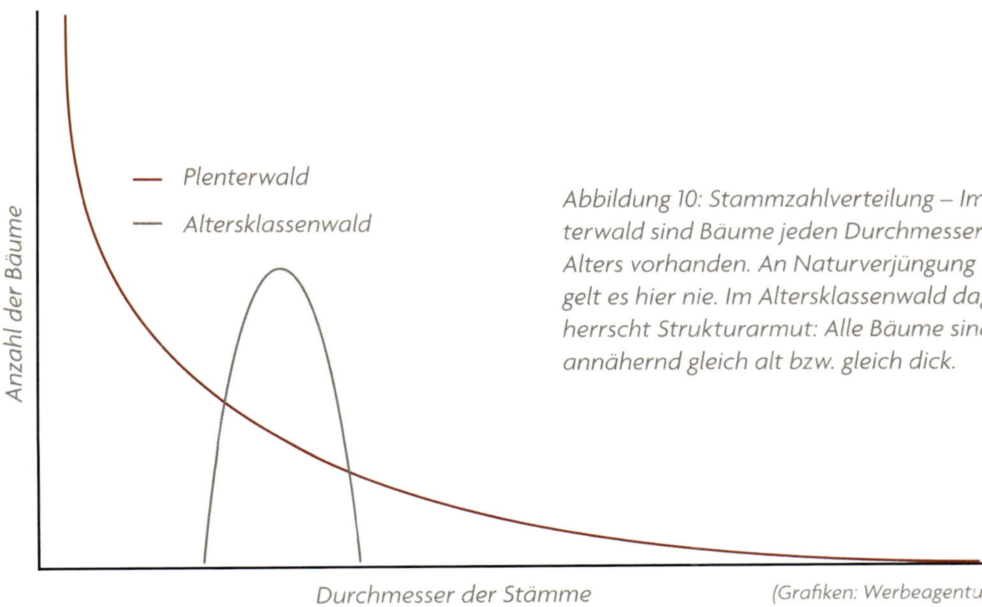

Abbildung 10: Stammzahlverteilung – Im Plenterwald sind Bäume jeden Durchmessers und Alters vorhanden. An Naturverjüngung mangelt es hier nie. Im Altersklassenwald dagegen herrscht Strukturarmut: Alle Bäume sind hier annähernd gleich alt bzw. gleich dick.

(Grafiken: Werbeagentur Rypka)

Abbildung 11: Wurzeln diverser Bäume: Edelkastanie, Erle, Schwarzpappel

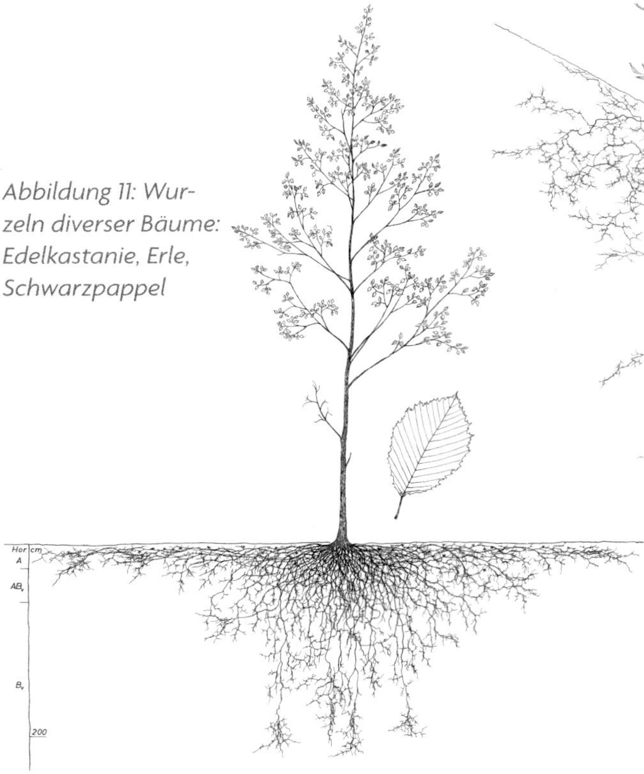

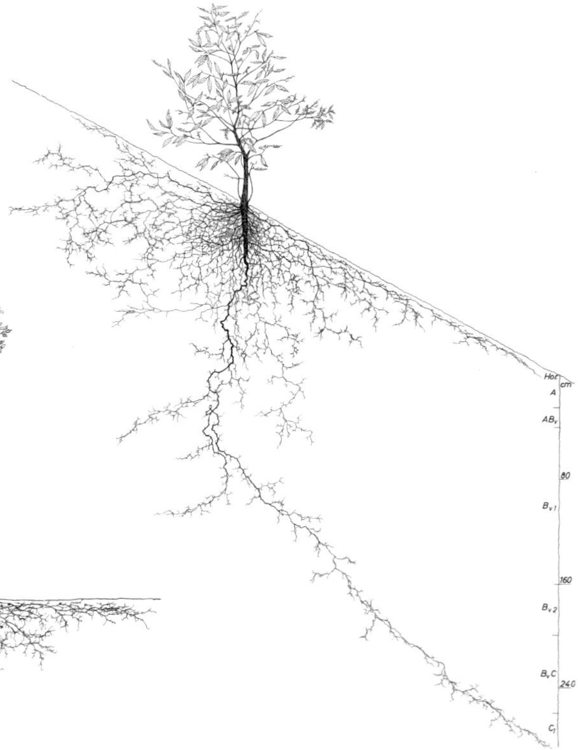

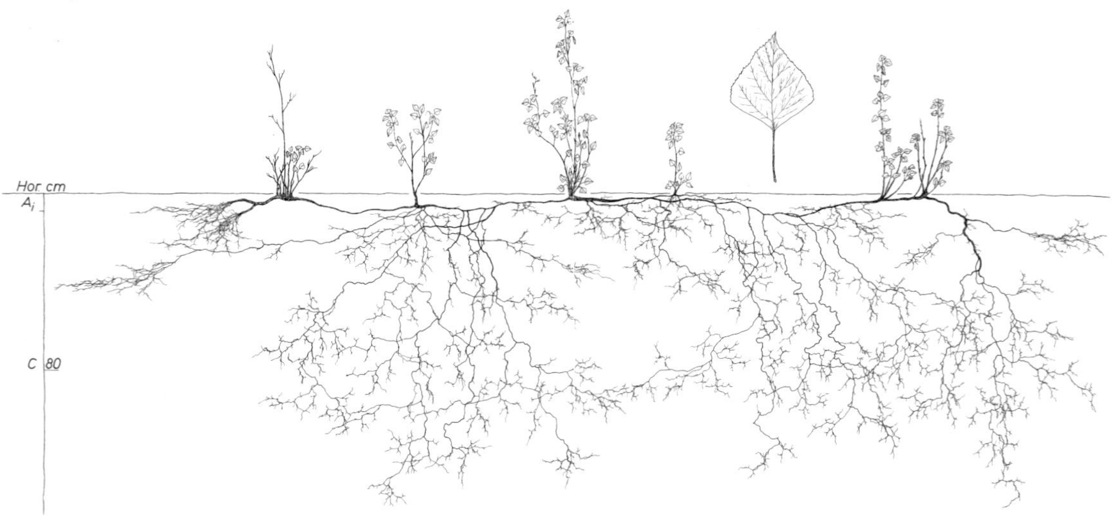

Quelle: Kutschera/Lichtenegger: Wurzelatlas mitteleuropäischer Waldbäume und Sträucher, 3. Auflage, Leopold Stocker Verlag, 2023

Wasser. Das Problem ist: Noch immer müssen alle im selben Wurzelhorizont konkurrieren, das Angebot wird mit der Zeit also nicht besser, sondern schlechter und die Folge davon ist noch mehr Stress. Schon kann es passieren, dass die ersten Exemplare an trockenen Plätzen Probleme bekommen. Ein niederschlagsarmes Jahr verschärft die Situation noch mehr.

Durch die starke Konkurrenz und die daraus folgende Orientierung nach oben, stehen die Bäume im Wortsinn *schlecht da*: Das Verhältnis von Baumhöhe zu Stammdurchmesser (*H/D–Verhältnis*) stimmt nicht. Das liegt vor allem daran, dass die Wurzeltiefe und der Wurzelraum nicht zur Baumgröße passen. In einem natürlichen Wald hätten Bäume vergleichbarer Größe genug Zeit gehabt, ein entsprechend weit- und tiefreichendes Wurzelsystem auszubilden.

Bildlich gesprochen sind diese Plantagenbäume *untermotorisiert* – sowohl im Wurzel-, als auch im Kronenraum: Als würde man einen Lastkraftwagen mit dem Motor eines Kleinwagens ausstatten.

Durch den Mangel an Wurzelraum im Boden haben die Bäume Trockenstress und oben fehlt ihnen aufgrund schlecht ausgebildeter Kronen die Möglichkeit zur Assimilation (Photosynthese). Ihre Kronen bilden die zu dicht stehenden Bäume oft nur mehr im obersten Viertel ihres Stammes aus. Das aber ist zu wenig – die Bäume hungern, wachsen nicht mehr oder viel zu langsam.

Eine Faustregel besagt, dass die lebende Krone eines Baumes im Idealfall gut die Hälfte seiner Stammlänge betragen sollte. Ist die Krone zu klein, kann er sich nicht erhalten. In der Plantage hat er schlicht zu wenig Platz, um sich entsprechend zu entfalten. Für mehr Platz und Licht müsste nun der Bewirtschafter sorgen und den Bestand regelmäßig auslichten.

Spätestens jetzt zeigt sich, wie schwierig es ist, eine so große Fläche zu pflegen.

Man braucht sich nur mit offenen Augen durch die Landschaft zu bewegen: Viele Waldbesitzer sind mit den Arbeitsschritten überfordert, die ihnen diese Plantagenwirtschaft auferlegt.

Womit wir wieder bei der Frage nach der Wirtschaftlichkeit angelangt wären: Die steile Wachstumskurve, die man am Beginn der Plantage verzeichnet hat, weil man in kurzer Zeit viel Holzvorrat aufbauen konnte (*Terminalphase*, Abbildung 9) führt dazu, dass man hinterher mit der Pflege nicht zurechtkommt.

Die Plantage gerät ins Straucheln und schon ist der hübsche Gewinn aus *Phase eins*, über den sich der Waldbesitzer eben noch gefreut hatte, wieder dahin.

Mich erinnern solche unterversorgten und darum schwachen Bäume an Salzstangerl: dünn, trocken und brüchig. Sie sind äußerst anfällig für Schädlinge und Krankheiten und wirtschaftlich betrachtet bringen sie nichts ein, denn ihr Holz ist wertlos.

Durchforstet man so eine *„Soletti"-Plantage* bricht häufig der ganze Bestand ein. Sofern man ehrlich bilanziert, fällt die Schlussrechnung meist katastrophal aus, denn selbst wenn man alle ökologischen Bedenken beiseitelässt und ausschließlich der Logik der Forstindustrie folgt – „Wir wollen möglichst viel Holz in möglichst kurzer Zeit produzieren!" – muss man der aktuell praktizierten Plantagenwirtschaft attestieren, dass sie nichts taugt.

Wenn man schon so intensiv wirtschaften will, dann sollte man zumindest in der Lage sein, den eingeschlagenen Weg zu Ende zu gehen. Genau das ist in diesem Fall offenbar kaum möglich.

Förster lernen während ihrer Ausbildung wie man Bäume pflanzt, wie man rechnet und wie

Mangelnde und schlechte Pflege – ein systemimmanentes Problem *© Josef Holzer*

man Bäume erntet. Mit dem System Wald dagegen, hat man sich – zumindest zur Zeit meiner Ausbildung in den 1990er Jahren – nur marginal auseinandergesetzt. Und wenn man sich Forste in anderen europäischen Ländern anschaut, dann war das dort vermutlich ähnlich. Auch im momentanen Diskurs zu Wald und Klimawandel sehe ich nicht, dass die Auseinandersetzung in der Branche ernsthaft und ehrlich geführt wird. *Altersklassenbestände setzen – dann Kahlschlag.* Das ist kein Konzept, das tragfähig ist.

Bessere Lösungen finden wir in Abbildung 9 auf Seite 153 oben. Am linken Ende des Spektrums sehen wir die neu gepflanzte Monokultur-Plantage, am anderen Ende den Urwald. In Mitteleuropa würde ein solcher an den meisten Orten in wenigen hundert Jahren entstehen. Was heute ein asphaltierter Parkplatz ist, wäre spätestens nach 1.000 Jahren wieder Urwald.

Der Prozess dorthin wird als Sukzession bezeichnet, ein Name, der sich vom lateinischen Begriff *successio* ableitet: *Nachfolge*.

Die Sukzession beschreibt die natürliche Entwicklung eines Ökosystems nach dessen kompletter Zerstörung und lässt sich in drei Stadien gliedern:

- Im **Initialstadium** sind ein bis zwei Baumarten dominant. Diese Pionierarten beziehungsweise -gesellschaften würden – ganz ähnlich wie zu Beginn unserer Plantagenwirtschaft – um die Wette wachsen und sich großflächig ausbreiten.

  Diese Pionierarten können sich zwar rasch vermehren, sind aber konkurrenzschwach und werden daher schnell von anderen Arten verdrängt. Ihre Aufgabe ist es, nachfolgenden Arten den Weg zu bereiten. Als Pioniere bauen sie Biomasse auf und sind unerlässlich für die Bodenbildung.

- Im **Folgestadium** findet ein Artenwechsel statt, denn schon nach wenigen Dekaden würde der schnellgewachsene Bestand deutlich einbrechen. 60 bis 80 Prozent der Pionier-Bäume wären verschwunden – sei es aufgrund eines Sturmes, eines Brandes, einer Krankheit oder eines Schädlings. Die verbliebenen Bäume werden jetzt, wo die direkte Konkurrenz weg ist, zwar größer, aber zu ihnen gesellen sich bald neue Baumarten, die deutlich konkurrenzstärker sind.

  Die Strategie der neuen Mitspieler: Sie vermehren sich zwar nicht so schnell wie die Pionierarten, aber ihr Nachwuchs hat eine weit größere Überlebenschance. Mit den neuen Baumarten verändert sich der Lebensraum – manche Arten profitieren davon, andere werden zurückgedrängt und verschwinden wieder. Stellt sich nach einiger Zeit eine gewisse Balance im System ein, erreicht der Wald das nächste Stadium.

- Im **Klimaxstadium** verfügt das Ökosystem über eine hohe Biodiversität. Theoretisch findet in diesem Stadium die maximal mögliche Produktion an Biomasse statt, das heißt: Hier werden die lokal zu Verfügung stehenden Ressourcen am effektivsten genutzt.

Es geht mir nicht darum, Urwald als Ziel auszugeben, aber auf dem Weg dorthin gibt es viele Zwischenstufen, die für uns interessant sein können.

Schon ein zweistufiger Waldbestand – das ist wahrlich kein kompliziertes oder kreatives System und geht meiner Meinung nach auch längst nicht weit genug – kann die Situation enorm verbessern und das wirtschaftliche Risiko erheblich mindern: Man *lichtet auf*, sorgt also dafür, dass mehr Licht in den Wald dringen kann. So kann unter dem Schutzschirm großer Bäume eine natürliche Verjüngung stattfinden – erst wenn diese hochkommt, ernte ich die hiebreifen Exemplare. Somit kann ich ohne großen Aufwand ein System schaffen, das bereits weit stabiler ist als die vorherrschende Plantagenwirtschaft.

Dieses Modell ist auch viel wirtschaftlicher, schon allein deshalb, weil man aufgrund der natürlich stattfindenden Verjüngung keine Bäume setzen muss.

Die meisten Waldbesitzer meinen, dass sie im Wald Bäume setzen müssen. Natürlich kann das im Spezialfall sinnvoll sein – zum Beispiel, wenn man eine Art einbringen möchte, die es am Standort noch nicht oder nicht mehr gibt – aber im Grunde gilt: Wenn man als Förster auf ein System baut, das es notwendig macht, Bäume zu setzen, hat man sich mit dem Ökosystem Wald nicht hinreichend auseinandergesetzt.

Allein die Umstellung auf eine Baumartenzusammensetzung, die zumindest großräumigen Standortfaktoren – wie die der Höhen- bzw. Waldstufe – entspricht und die einen simplen „zweischichtigen" Aufbau hat, bei dem die Naturverjüngung rechtzeitig gefördert wird, wäre schon ein unglaublicher Fortschritt. So traurig das auch klingt.

Mit etwas gutem Willen und ein wenig Beschäftigung mit der Materie, können selbst Amateure ihren Wald gesünder und widerstandsfähiger machen.

Wald hat ein enormes natürliches Verjüngungspotenzial, gestaltbar durch *das Spiel mit Licht und Schatten*: Ist es im Wald zu dunkel, muss ich nur für ein bisschen Licht sorgen und es kommt zur natürlichen Verjüngung. Ein bisschen weniger Licht *hier* und ich kann einzelne Arten auch wieder ausbremsen – ein bisschen mehr Licht *dort* und ich fördere die Konkurrenz.

Naturverjüngung bietet entscheidende Vorteile gegenüber der Pflanzung: ungestörte Wurzel-

Josef A. Holzer: „Wald ist ein Spiel mit Licht und Schatten. Lässt man sich darauf ein, kommen die jungen Bäume von ganz allein."
© Josef Holzer

Abbildung 12: Waldbilder der Gegenwart (oben) und Zukunft (unten). *(Grafik: Werbeagentur Rypka)*

entwicklung, bessere Vitalität und Stabilität der Bäume und weit geringere Begründungskosten.

Über die Bewirtschaftung kann man Naturverjüngung zielgerichtet einleiten. Kurz: Im Wald braucht man keinen einzigen Baum zu setzen.

Stattdessen kümmert man sich als Förster um die Lichtverhältnisse im Wald und somit darum, dass immer genug *Nachwuchspotenzial* auf der Fläche vorhanden ist. Das Wild kann dann gar nicht so viel kaputt machen, wie der Wald hervorbringt.

Die Aufgabe des Försters beschränkt sich im Übrigen nicht nur auf die Pflege von Bäumen. Mindestens so viel Aufmerksamkeit wie der Vegetation müsste er dem Waldboden widmen. Aber geschieht das auch?

Gehen wir in eine Fichtenmonokultur finden wir am Waldboden oft eine dicke Schicht mit Nadeln als Auflage. Aber was bedeutet das, wenn die Rohhumusauflage 20 Zentimeter stark ist? Denkt sich da keiner etwas dabei?

Die dicke Nadelschicht weist darauf hin, dass die Nährstoffe, die in einem Waldsystem eigentlich im Kreislauf sein sollten, nicht zirkulieren können. Sie wurden quasi *seitlich abgelagert* und sind dem System *verlorengegangen*.

Normalerweise wird alle Biomasse im Wald zu Humus umgebaut. In der Monokultur aber,

Waldboden, die Kompostieranlage der Natur! © *Josef Holzer*

finden die dafür nötigen Prozesse nicht – beziehungsweise nur sehr langsam – statt. Das geht im schlimmsten Fall sogar so weit, dass der Boden versauert und in der Folge die zentralen Bausteine der Humusschicht, die *Ton-Humus-Komplexe* aufgelöst und ausgewaschen werden.

Man *zerlegt* förmlich den Boden und macht kaputt, was man doch aufbauen sollte.

Auch in der Waldwirtschaft sehen wir: Es findet kaum Auseinandersetzung mit Kompostierungsprozessen statt. Wüssten die Förster und Waldbesitzer, unter welchen Bedingungen Biomasse zu wertvollem Humus wird, würden sie dafür sorgen, dass das Verhältnis aus Kohlenstoff und Stickstoff ein günstigeres wird.

Sie würden Laubbaumarten einbringen und fördern, damit den Destruenten* – vor allem Pilze und Bakterien – nicht nur kohlenstoffreiche Nadeln, sondern auch stickstoffreicheres Laub zur Verfügung stehen.

Mit der Zeit würde aus dem trockenen *Rohhumus* sogenannter *Moder* und in der Folge vielleicht sogar *Mull* und damit ordentlicher Humus entstehen. Dieser bildet die Grundlage für eine optimale Nährstoffversorgung im Wald und ist zudem ein hervorragender Wasserspeicher – beide Eigenschaften sind Voraussetzungen für ein gesundes Wachstum der Bäume und einen stabilen, widerstandsfähigen Wald.

**Destruenten sind Lebewesen die organische Substanzen zu anorganischen Stoffen umwandeln*

Viele Förster machen heute das Wild für einen Gutteil der Schäden im Wald verantwortlich. Eine Ausrede, wie ich meine, denn im Grunde müsste es so viel Verjüngung im Wald geben, so viele Bäumchen, die auf ihre Chance warten, dass das Wild unmöglich alle schädigen kann.

Zugegeben, es gibt einzelne Reviere, wo der Druck durch das Wild so groß wird, dass es dort trotz Naturverjüngung zu Ausfällen kommt. Aber ich bin in vielen Wäldern unterwegs und kann aus Erfahrung sagen: Das Wild ist nur für einen kleinen Teil des Problems verantwortlich, 90 Prozent haben die Förster selbst zu verantworten, weil sie nicht für ausreichend Naturverjüngung sorgen. In den letzten 70 Jahren wurde der Großteil der Bäume in unseren Wäldern gepflanzt.

Das ist doch vollkommen absurd! Noch absurder finde ich, dass das Setzen von Bäumen bis heute positiv besetzt ist. Ich muss zugeben, dass ich regelrecht in Rage gerate, wenn wieder einmal behauptet wird: „Angesichts des Klimawandels müssen wir mehr Bäume pflanzen!"

Nein, das müssen wir eben nicht! Stattdessen sollten wir das Verjüngungspotenzial der Natur nutzen, beziehungsweise damit aufhören, sie beim Verjüngen zu behindern. Nicht nur aus den oben erwähnten, sondern auch aus vielen anderen Gründen. Die genetische Vielfalt ist nur einer davon, wenn auch ein äußerst gewichtiger.

Ein Wald, der genetisch divers ist, kann dem Klimawandel gelassen entgegenblicken. Dank seines reichhaltigen genetischen Pools verfügt er über ein enormes Anpassungspotenzial. Eine gänzlich andere Situation finden wir im Monokulturforst vor. Nicht nur, dass hier nur eine Art vorkommt, auch innerhalb der einzigen dort gepflanzten Art ist die genetische Vielfalt gering.

Da hilft es auch nur wenig, wenn es sich um „Saatgut der richtigen Herkunft" handelt. In der Monokultur ist die Anzahl der „Eltern" immer begrenzt und hinsichtlich der genetischen Vielfalt mit Naturverjüngungen nicht vergleichbar. Verwendet man also ausschließlich „Baumschulgeschwister", ist es um die Anpassungsfähigkeit der Wälder nicht gut bestellt.

Es braucht auch keine wahnsinnig kreativen Ideen, um Wälder zu schaffen, die ungleich stabiler sind als das, was wir derzeit vorfinden. Das Idealbild eines stabilen und produktiven Wirtschaftswaldes, der Dauerwald bzw. Plenterwald (siehe Seite 33 f.) ist ein seit Jahrhunderten gelebtes und erprobtes System. Weitsichtige Forstwissenschaftler haben den Wert des *Plenterns* (auch *Plänterns*) schon vor über 200 Jahren erkannt und beschrieben.

„Die Plänter- und Fehmelwaldungen stehen dem vom Menschen nicht berührten Urwalde am nächsten, insofern sie nicht übernutzt sind (...), der Plänter- und der Fehmelhieb darf daher als die natürlichste Behandlung des Waldes angesehen werden. (...) Ein gänzliches Ausschließen der Axt aus denselben wird mit der Zeit ebenso verderblich, wie eine zu starke Lichtung."

(Elias Landolt, ETH Zürich „Der Wald, seine Verjüngung, Pflege und Benutzung" 1895).

Wald nimmt im Wasserkreislauf eine herausragende Stellung ein – er wirkt lokal wie global. Wälder haben die besondere Fähigkeit, Niederschlagswasser aufzunehmen, zu speichern und zu reinigen. Zudem ernten Wälder große Mengen an Tauwasser, das sich an unzähligen Blättern und Nadeln bildet. Sie liefern qualitativ hochwertiges Trinkwasser und sind der beste Hochwasserschutz, den wir kennen.

Aufgrund seiner starken Durchwurzelung gibt es im Wald so gut wie keinen Abfluss.

Meistens werden Wurzeln als vertikale Struktur verstanden, die Wasser aus dem Boden, also von unten nach oben befördert. Sie funktionieren aber auch in die andere Richtung: Entlang der Pflanzenwurzeln wird das Wasser in den Boden befördert – auch in tiefere Schichten und schließlich in Aquifere, das sind die Grundwasserleiter.
Wälder sind die größten Süßwasserspeicher Mitteleuropas.

Dank der vertikalen Strukturen und enormen Oberflächenrauigkeit kann ein Waldsystem selbst Starkniederschläge gut und schnell aufnehmen. Erosive Prozesse können somit gar nicht erst wirksam werden.

70 % des Regenwassers werden wieder an die Atmosphäre abgegeben
Der Wald unterscheidet sich in seiner Wasserbilanz deutlich von Acker- oder Grünland.
Ein Hauptgrund ist, dass Niederschlagswasser, das auf Nadeln und Blätter trifft, zum Teil direkt verdunstet, ohne je den Waldboden zu erreichen (*Interzeption*). Rechnet man den Wasserverbrauch über die Blatt/Nadelverdunstung (*Transpiration*) und die Wassermenge, die über den Waldboden verdampft (*Evaporation*) dazu, ergibt sich ein Wert von insgesamt 70 % des Jahresniederschlags, der im Wald wieder an die Atmosphäre abgegeben wird.

Dass der Wald – jedenfalls bei uns in Mitteleuropa – das Klimax-Stadium darstellt, bedeutet auch, dass er hier das System ist, das grundsätzlich am meisten Humus aufbauen kann.

Humus ist ein exzellenter Wasserspeicher und der natürliche Austrocknungsschutz des Waldes. Er kann – zumindest eine Zeit lang – ein Vielfaches seines Eigengewichts an Wasser halten. Das allermeiste Wasser aber steckt in den Pflanzen selbst, die es für die Photosynthese brauchen.

Wald und Wasser
Wer auf einen Wald schaut, schaut gleichzeitig auf einen See:

- 200 Liter Wasser und mehr können in nur einem Quadratmeter Waldboden versickern.
- Allein in den obersten zehn Zentimetern können auf einem Quadratmeter Waldboden bis zu 50 Liter Niederschlagswasser gespeichert werden.
- In einem Kubikmeter Waldboden findet man bis zu 100 Kilometer Baumwurzeln.
- Ein einziger ausgewachsener Laubbaum saugt mit seinen Wurzeln jedes Jahr etwa 30.000 Liter Wasser aus dem Boden.
- Das enorme Verdunstungs- und Rückhaltevermögen der Wälder bildet einen natürlichen Schutz vor plötzlich auftretendem Hochwasser.

So, wie das Klima einen spezifischen Wald hervorbringt, wirkt umgekehrt auch der Wald auf das Klima ein. Die Vegetation hat nicht nur Einfluss auf den kleinen Wasserkreislauf – Verdunstung, Niederschlag und Abfluss in einem eng umgrenzten Gebiet – sondern auch auf den großen Wasserkreislauf.

Bäume, die unter Stress sind, können über ihre Spaltöffnungen gezielt Kondensationskeime ausstoßen. Diese erhöhen die Kondensations- und damit Regenwahrscheinlichkeit über dem Waldgebiet. Riesige Waldgebiete – wie der Amazonas-Regenwald, in dem es im Schnitt 2.000 Liter pro Quadratmeter und Jahr regnet – verursachen durch dieses Abregnen enorme Druckunterschiede.

Diese sind offenbar so groß, dass dadurch feuchte Luftschichten über den Ozeanen ans Land gezogen werden und dort – *ganz im Sinne des Waldes* – abregnen. Das heißt im Umkehrschluss aber auch, dass es dort nicht bzw. weit weniger regnen würde, wenn der Wald nicht existierte.

Ohne Wald wäre auch die Erdoberfläche viel wärmer. Schon allein deshalb gäbe es weniger Niederschläge und weit trockenere Böden. Lange Zeit hat man den großen Wasserkreislauf, – den Weg des Wassers vom Ozean landeinwärts und wieder zurück ins Meer – als rein physikalisches Phänomen begriffen und beschrieben. Wie sich herausstellt, war das voreilig, denn ohne die Biologie an Land wäre der große Wasserkreislauf ein ganz anderer. Niederschlagsverteilung und -menge sähen ganz anders aus – das Land wäre weit trockener und heißer.

Der Wald beeinflusst also nicht nur das Mikro- sondern auch das Makroklima und ist damit unser wichtigster Verbündeter, wenn es darum geht, die negativen Auswirkungen des Klimawandels einzugrenzen.

WASSER ERNTEN VON JOSEF A. HOLZER

Wenn Menschen den Krameterhof besuchen, gibt es meist zwei Reaktionen: Die einen sind erstaunt, dass sie hier eine so üppige Vegetation antreffen, die anderen – und das sind häufig Einheimische – geben sich selbst darauf die Antwort, dass dies sicherlich an dem „so eigenen Klima" hier am Hof liegt.

Ein klassisches „Henne-Ei-Dilemma". Was war denn nun zuerst da? Die Vegetation oder das „besondere" Klima?

Die Antwort liegt im Grunde auf der Hand: Sowohl das Klima als auch die üppige Vegetation sind eine Folge unseres Umgangs mit Wasser am Hof. Alles dreht sich ums Wasser.

Es ist eine Binsenweisheit, dass Wasser *die* zentrale, dem Leben zugrundeliegende, chemische Verbindung ist. Alle für das Leben nötigen chemischen Reaktionen sind auf das Vorhandensein von Wasser angewiesen.

Umso seltsamer ist es, dass sich ausgerechnet die Landwirtschaft dem Wasser gegenüber so ignorant verhält. Offenbar geht man davon aus, dass Wasser jederzeit verfügbar ist und bleibt. Sobald zu viel vorhanden zu sein scheint, wird es, wo immer es geht, drainiert bzw. ab- und ausgeleitet.

Nur, damit auch der letzte Quadratmeter Boden vermeintlich ertragreich wird.

Heute sehen wir uns mit der Tatsache konfrontiert, dass wir zu wenig Wasser in der Landschaft haben. Wieder ein „Henne-Ei-Dilemma": Fehlt das Wasser, weil das Klima extremer wird oder wird das lokale Klima extremer, weil das Wasser fehlt?

Dazu zwei Beispiele: zum einen mein Zuhause, der Krameterhof, und zum anderen die Agrarwüste in Spanien.

Beginnen wir am Krameterhof. Mein Zuhause liegt in einer Region mit etwa 800 mm Niederschlag pro Jahr. Auf den ersten Blick ist das gar nicht so wenig. Bedenkt man aber, dass es sich um steiles Gelände handelt und die Böden daher in der Regel äußerst flachgründig sind – sie entstanden aus Hangschuttmaterial –, ist es wiederum nicht besonders viel. Unser knapp 45 ha großer Hof erstreckt sich über einen Höhenunterschied von fast 400 m – von 1.100 bis 1.500 m (über der Adria).

Wunderwerk der Natur: Verzweigter Flusslauf des Río Paraná in Argentinien

Als mein Vater in den 1960er Jahren damit begann, seine Teichwirtschaftspläne zu realisieren, waren die Reaktion damals in etwa folgendermaßen: „Wie kann man ausgerechnet in solchem Gelände und bei so wenig Wasser Teiche planen bzw. bauen wollen?"

Auch bei Projekten, die wir heute betreuen, hören wir mitunter ähnliches. Die Antwort ist heute dieselbe wie damals: „Eben weil es hier wenig Wasser gibt, bauen wir mehr Teiche!" Je weniger Wasser man hat, umso mehr muss man sich darum kümmern.

Das Grundprinzip ist schnell erklärt: Wir wollen möglichst jeden Tropfen Wasser, der auf unseren Grund gelangt, sammeln und möglichst lange bzw. so lange wie nötig halten.

Das Wasser soll auf keinen Fall einfach so abfließen. Zum einen, weil wir darauf angewiesen sind, es nutzen zu können, zum anderen, weil das Wasser in diesem steilen Gelände Schäden verursacht, wenn es sich unkontrolliert bewegen kann. Der Fokus liegt darauf, die Versickerung bzw. Infiltration zu verbessern.

Entscheidenden Einfluss auf die Versickerung haben die Form der Geländeoberfläche (Morphologie), die Geologie und Bodenbeschaffenheit (Bodenfeuchte, Korngrößen, Porenverteilung) sowie die Vegetation.

Die Vegetation nimmt dabei eine zentrale Funktion ein. Sie kann selbst Wasser zurückhalten und gewährleistet einen offenporigen, infiltrationsfähigen Boden, der schnell und langanhaltend Wasser aufnehmen kann.

Vegetationsfreie Böden haben dagegen eine sehr begrenzte Kapazität, Wasser aufzunehmen und in tiefere Bodenschichten zu leiten.

Wasserretentionsprojekt in Südfrankreich – Josef A. Holzer: „Eben weil es hier wenig Wasser gibt, bauen wir mehr Teiche!"

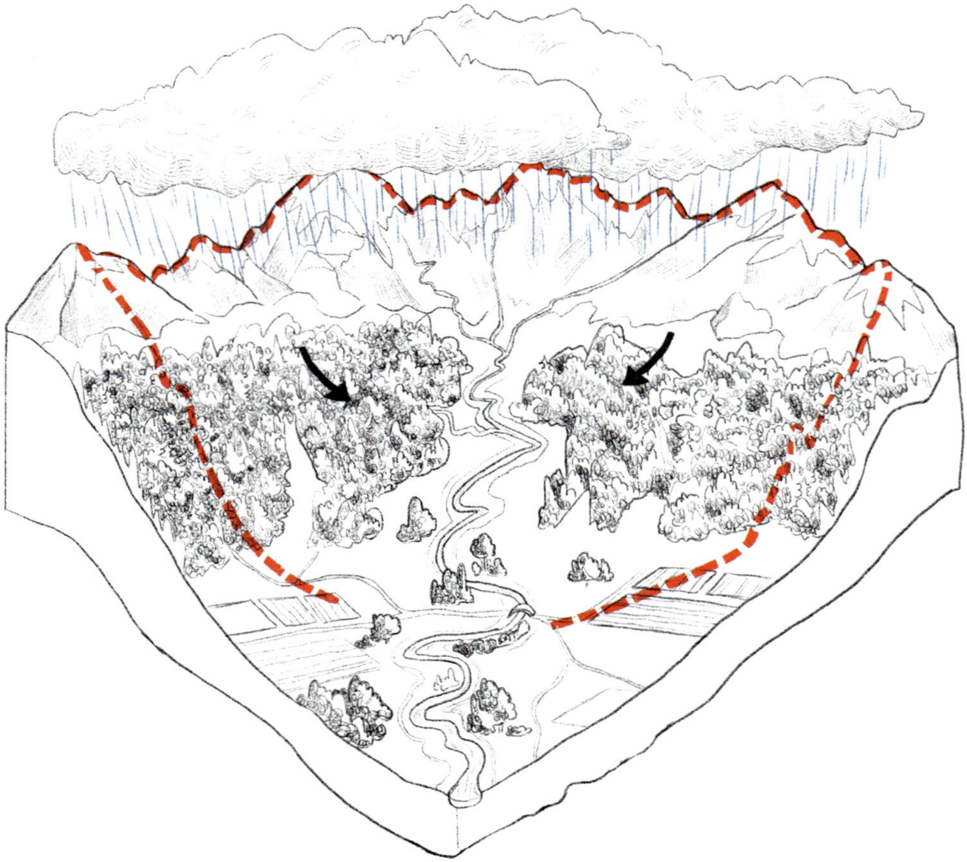

Abbildung 13: Josef A. Holzer: „Je größer, steiler oder kahler ein Einzugsgebiet ist, desto mehr Wasser fliesst bei Regenereignissen talwärts. Haben wir im Vorfeld mit Boden und Vegetation gut gearbeitet, werden diese Abflüsse nicht mehr so hoch bzw. besser auf der Fläche verteilt sein." (Grafik: Werbeagentur Rypka)

Zudem verschlämmen sie bei längeren bzw. stärkeren Niederschlägen sehr schnell und können dann gar kein Wasser mehr infiltrieren.

Damit der Boden das Wasser schnell aufnehmen kann, braucht es ausreichend Humus, eine gesunde Bodenbiologie und eine vielfältige Bewurzelung bzw. Vegetation.

Im Normalfall, also bei durchschnittlichen Niederschlagsereignissen, sollte es keinen Wasserabfluss an der Oberfläche geben, je nach Vegetationstyp auch bei höherwertigen Niederschlägen nicht. Echte Wälder beispielsweise haben auch bei stärkeren Regenereignissen so gut wie keinen Abfluss. Ausnahmen finden wir auf besonders steilen Flächen bzw. dort, wo der geologische Untergrund wasserundurchlässig ist. Sobald wir alles Mögliche bzw. Nötige zur Erhaltung oder Verbesserung der Infiltration und Speicherfähigkeit der Böden auf unseren Flächen getan haben, müssen wir uns um jenes Wasser kümmern, das trotzdem noch abfließt.

Dazu schauen wir uns die sogenannten Einzugsgebiete an, das sind die durch Wasserscheiden abgegrenzten Flächen, aus denen ein Gewässer (oder Abflusssystem) sein Wasser bezieht.

Mit dem verbliebenen Oberflächenwasser muss man nun richtig umgehen. Am besten erfolgt die Planung in sinnvollen, kleinen Einheiten. Und zwar so weit oben in den Einzugsgebieten wie möglich. Nur weil wir heute die technischen Möglichkeiten haben, muss die Lösung für ein großes Einzugsgebiet nicht unbedingt ein monumentaler Bau sein. Im Gegenteil: Eine einzige Lösung für ein großes Einzugsgebiet zu planen, ist nicht zweckmäßig.

Weit besser ist es, mit kleinen Einheiten in den jeweiligen Teileinzugsgebieten zu arbeiten.

Je kleiner die Einheiten, desto geringer sind die anfallenden Wassermengen. Dementsprechend ist auch der Aufwand ein geringerer, dieses Wasser zurückzuhalten.

Zudem ist das Wasser über eine größere Fläche verteilt als bei einer zentralen Lösung – ein weiterer, großer Vorteil.

Vor allem kurzfristig auftretendes Hochwasser verursacht massive Erosion, Überflutungen und Muren. Aufgrund der immer noch fortschreitenden Versiegelung der Flächen, der Drainagierungen und der Beeinträchtigung der Böden ergeben sich immer höhere Abflusswerte, die immer mehr Schäden verursachen. Verschärft werden die Probleme, weil die natürlichen Überflutungszonen fehlen und die Abflusswege kanalisiert, also verkürzt und beschleunigt wurden.

Um Hochwasserspitzen abzufedern, muss man möglichst kleinflächig und dezentral planen. Es gilt, kleinere und größere Retentionsräume für das Wasser zu schaffen, die Abflusswege bzw. Abflusszeiten zu verlängern und Überflutungszonen bereitzustellen. Mit vergleichsweise gerin-

Raureif – Vegetation erntet Wasser auch aus der Luft © *Josef Holzer*

gem Aufwand verhindert man so das Auftreten von Schäden – und kommt dabei ohne Monumentalbauten aus.

Oft wird heute auf die Gefahr von Hochwasserspitzen allein mit baulichen Schutzmaßnahmen reagiert. Sicher gibt es auch Situationen, wo Schutz und Prävention gemeinsam notwendig sind. Aber Schutz ohne entsprechende Prävention ist der falsche Weg. Behandelt man ein Krankheitssymptom ohne Rücksicht auf die Ursache und den Lebensstil, kann der Patient nicht gesund werden.

Um fruchtbare Landschaften zu erhalten oder (wieder) zu erschaffen, braucht es Wasser. Dieses Wasser muss in lebendige Böden einsickern, das es filtern kann. Nur so kann sich das für uns lebenswichtige Grundwasser bilden.

Es muss im Humus, in den Böden und in der Vegetation gespeichert werden, damit alle Lebewesen ausreichend Wasser zur Verfügung haben, wann immer sie es benötigen.

Ist Wasser vorhanden, entwickelt sich eine Vegetation und mit ihr der Boden. Wenn dieses Kreislaufsystem funktioniert, sind das Risiko und die Intensität von Erosions- und Hochwasserschäden auf ein Minimum reduziert.

Die Vegetation wirkt sich nicht nur wegen der Durchwurzelung äußerst positiv auf die Niederschlagsverteilung aus. Sie *sammelt* Tau und Nebelfeuchtigkeit, erhöht über Verdunstung und Transpiration die Luftfeuchtigkeit und hat durch das Ausstoßen von Kondensationskeimen sogar Einfluss auf die Regenwahrscheinlichkeit.

Vegetations-Systeme, im Speziellen Wälder, ähneln einem Perpetuum mobile: Sie schaffen und erhalten ihren Lebensraum und sind „Regenmacher".

Von ihnen müssen wir lernen. Wer Wasser halten will, muss sich um den Boden kümmern.

Was passiert, wenn das nicht geschieht, kann man besonders drastisch am Beispiel Spanien sehen. Über viele Jahre habe ich immer wieder in Spanien gearbeitet und dabei eine Landwirtschaft der Naturzerstörung in so großem Ausmaß gesehen, dass es mir dabei mehrfach die Sprache verschlagen hat. Wörter werden dem Grad an Verwüstung kaum gerecht.
Dabei machen spanische Bauern nicht per se schlechtere Arbeit als ihre mittel- und nordeuropäischen Kollegen. Es ist nur so, dass ihr Klima Fehler viel weniger verzeiht als das unsere.

Bei uns wird es noch dauern, bis die Zerstörung eine ähnliche Dimension erreicht. Spanien ist eine Zeitmaschine, an der wir die künftigen Auswirkungen unseres Handelns bereits heute sehen können. Wir müssen nur die Augen aufmachen und hinschauen.

Ich möchte den Spaniern nicht mehr vorwerfen als Österreichern, Schweizern oder Deutschen, außer vielleicht, dass sie trotz ihres „Vorsprungs" noch immer nicht einlenken.

Sieht man sich Satellitenaufnahmen von Spanien an, erkennt man schon aus großer Entfernung, dass weite Teile der Iberischen Halbinsel braun und augenscheinlich unfruchtbar sind. Noch könnte man denken, dass es das Klima ist, das derartige Landschaften entstehen lässt.

Verringert man aber die Überflughöhe erkennt man bald, dass es sich nicht um natürliche Wüsten, sondern um Agrarwüsten handelt. Gedankenlosen Bauern, die einem Agrarsystem zuarbeiten, das die Natur zerstört, haben diese Katastrophe zu verantworten.

Ackerbau findet hier ohne Rücksicht auf Standort und Erosion statt. Das Ausmaß an Bodendegradation macht sprach- und ratlos – auf weiten Flächen findet man nur noch Sediment. Lebendigen Boden oder gar Humus sucht man dort vergeblich.

Blick auf Spanien – Josef A. Holzer: „Zoomt man näher heran, ist zu erkennen, dass Ahnungs- und Verantwortungslosigkeit ganze Landstriche in Wüsten verwandelt.“

© Public Domain

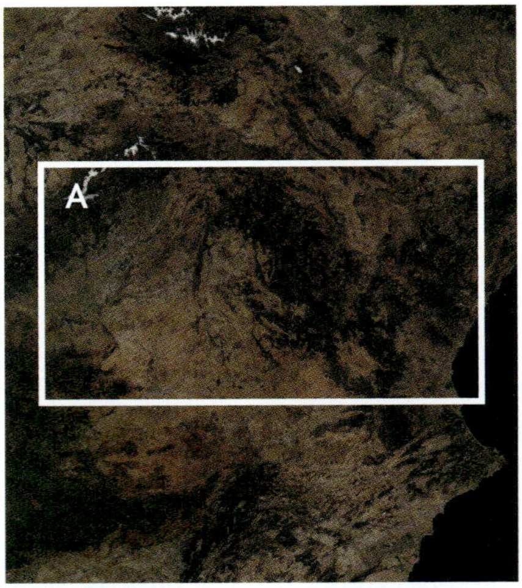

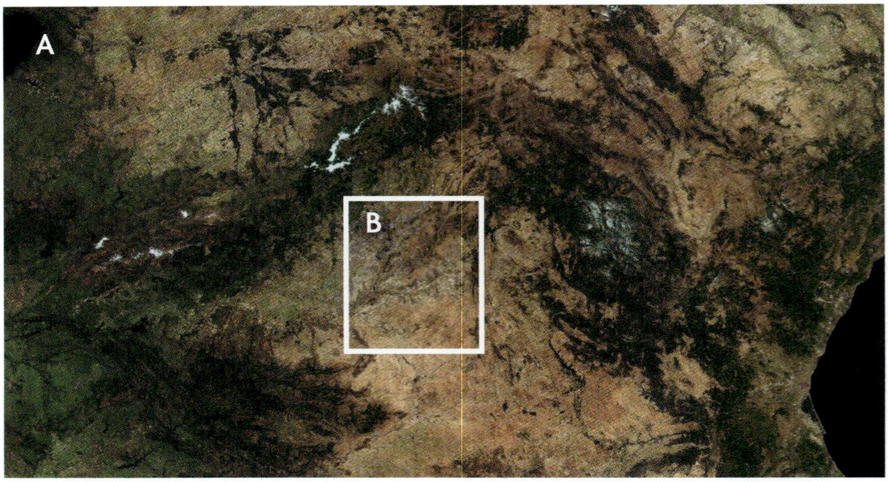

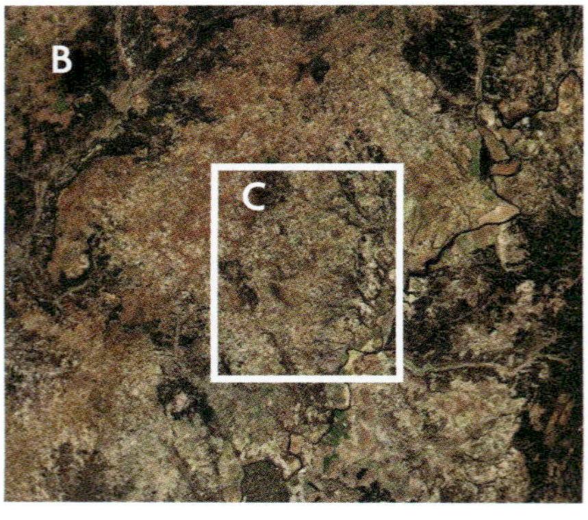

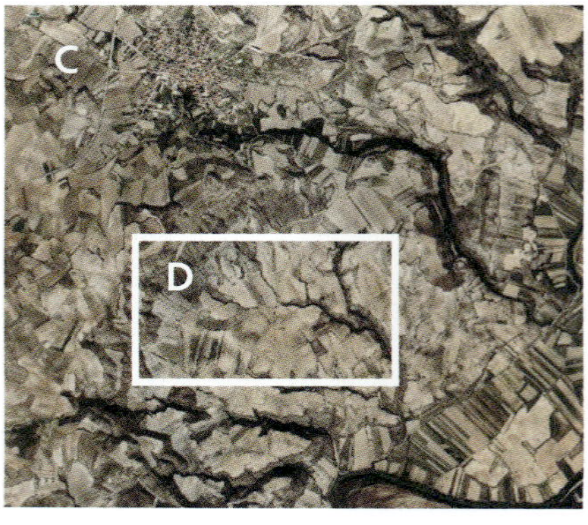

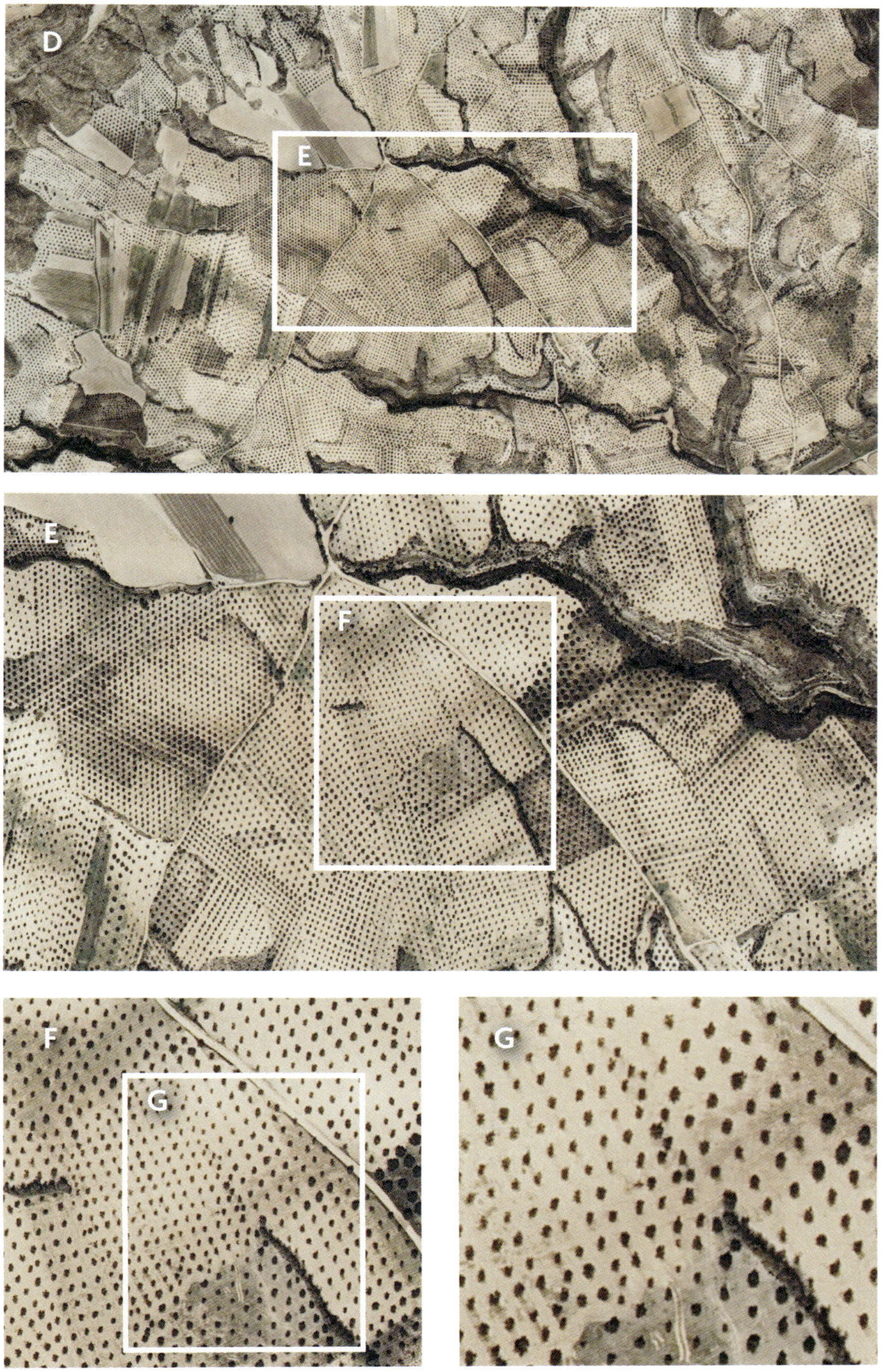
D
E
E
F
F
G
G

Betroffen sind aber nicht nur Spaniens Äcker, sondern auch zigtausende Hektar Obst- und Olivenplantagen. Der Boden der allermeisten Plantagen wird mit Fräsen oder Eggen geöffnet – auf dem mittlerweile stark erodierten, steinigen Gelände sind es meist Scheibeneggen.

Dies geschieht zyklisch, damit sich keine Vegetation bilden kann. Oft habe ich nach Argumenten für diese gängige Praxis gefragt.

Die Antworten waren immer dieselben:

- Aufgrund der Sommertrockenheit und der daraus resultierenden Wasserkonkurrenz müssen potenzielle Konkurrenten ausgeschaltet werden.
- Brandgefahr
- Da der Boden in der Folge verkrustet und steinhart wird, muss er aufgebrochen werden – schließlich kann er ansonsten kein Regenwasser aufnehmen.
- Weil der Boden nach Regenfällen sofort wieder *zumacht* bzw. verschlämmt und die Aufnahmefähigkeit wiederhergestellt werden muss, muss dieser Arbeitsgang regelmäßig wiederholt werden.
- Bei Trockenheit bekommen vor allem schwere Böden oft tiefe Risse, welche den sogenannten *Kamineffekt* auslösen können. Dabei trocknet der Boden besonders tief aus. Um das zu verhindern, muss die oberste Bodenschicht aufgebrochen werden – die „Kamine" dürfen nicht bis an die Oberfläche reichen.
- Man hat es immer schon so gemacht.

Josef A. Holzer: „Dass es auch anders geht, zeigen traditionelle Beispiele." *© Josef Holzer*

Manches davon klingt schlüssig, aber wer genauer hinschaut, dem wird bewusst, wie absurd das alles ist.

In den betreffenden Klimazonen gibt es ein Niederschlagsmaximum im Winterhalbjahr und eine ausgeprägte Trockenphase im Sommer. Die Winterphase ist humid – der Niederschlag ist höher als die Verdunstung. Der Sommer hingegen ist arid – es gibt mehr Verdunstung als Niederschlag.

Die natürliche Vegetation hat sich über lange Zeit an dieses Klima angepasst. Eine autochthone Wiese zwischen den Bäumen würde also in der humiden Phase wachsen (sich in der vegetativen Phase befinden) und hätte in der ariden Phase das Wachstum bereits abgeschlossen, um sich um die Samenreife zu kümmern. Sie hätte also rechtzeitig im Frühling bereits in die generative Phase gewechselt.

Durch diesen Rhythmus nutzen die Pflanzen die vorhandenen Ressourcen und verringern die Wasserkonkurrenz.

Eine Pflanzendecke würde den Boden durchwurzeln und vor zu großer Austrocknung und Erosion schützen – ein *Kamineffekt* wäre praktisch ausgeschlossen. So könnte der Boden Humus aufbauen, der Wasser gut speichern kann und den Boden aufnahmefähig hält. Auch die Gefahr einer Verkrustung und Verschlämmung ist bei gut durchwurzelten und bedeckten Böden nicht gegeben.

„Aber das haben wir doch immer schon so gemacht!“ Das ist vielleicht das dümmste Argument von allen, denn früher war die Technik dafür gar nicht vorhanden. Woher hätten man vor hundert Jahren alle für diese Arbeit notwendigen Traktoren nehmen sollen? Jahrtausende lang hat man diese Landschaft auch beweidet. Schließlich ist Vegetation nicht nur Bodenschutz, sondern auch wertvolles Futter!

Sofern man für eine entsprechende Pflanzendecke sorgt, laufen alle vorgebrachten Argumente ins Leere.

Eine gute Pflanzendecke würde sowohl die Wasser- als auch die Nährstoffversorgung und damit die Vitalität der Plantagen verbessern – von der Biodiversität ganz zu schweigen.

Die Flächen ließen sich dauerhaft fruchtbar erhalten und würden sich nicht weiter in Wüste verwandeln. In kurzer Zeit hätte man wieder eine fruchtbare, wunderschöne Kulturlandschaft.

Derzeit wird das Wasser, das man für die Bewässerung dieser Agrarwüsten benötigt, mittels Pipelines aus weit entfernten Landesteilen in die Anbaugebiete geleitet. Alternativ werden Tiefbohrungen für Brunnen errichtet, damit die Plantage bewässert werden können.

Ein Wahnsinn!

Fassen wir zusammen: Alles Niederschlagswasser wird abgeleitet. Man nimmt keine Rücksicht auf Erosion, Bodenschutz und Vegetation. Die Böden werden ihrer Fähigkeit beraubt, Wasser aufzunehmen und zu speichern, wodurch Grundwasserneubildung verhindert wird. Die letzten noch verbliebenen Grundwasserreserven werden für billige Agrarexporte angezapft und ausgebeutet.

So blutet das Land aus.

Sepp Holzer: „Nackte Böden können kaum Wasser aufnehmen und erodieren zusehends. Will man das Trauerspiel beenden, muss man den Boden schützen."

ZUKUNFT **GESTALTEN**

AGIEREN STATT REAGIEREN VON SEPP HOLZER

Die Natur will uns nicht schaden. Der Mensch schadet der Natur. Er ignoriert ihre Gesetze. Weil er immer nur ans Geld denkt, beutet er sie aus. Ganz so, als gäbe es kein Morgen. Die Folge sind Katastrophen.

Überall wird heute über den Klimawandel, die Klimakrise geredet. Und machen wir uns bitte nichts vor: Wir wissen ganz genau, wer Schuld daran hat, dass Arten verschwinden, dass Gletscher schmelzen, dass Trockenheit, Stürme und Überschwemmungen zunehmen.

Der Mensch ist schuld, nicht die Natur!

Ich denke, es ist wichtig, dass der Klimawandel genau beobachtet und ergründet wird. Und auch, dass wir uns möglichst schnell unabhängig machen von Erdöl, Erdgas und Kohle. Aber für mich als Bauer bedeutet der Klimawandel vor allem, dass ich mich und meinen Betrieb um- und auf die neuen Gegebenheiten einstellen muss.

Wird der Eisbär aussterben, nur weil es kein Eis mehr gibt? Vielleicht, aber klar ist, dass er Neues ausprobieren muss, wenn er davonkommen will. Er wird sich bei der Jagd auf andere Tiere verlegen und neue Wege gehen müssen.

Sepp Holzer: „Die Natur ist nicht geizig." *© Josef Holzer*

Er wird versuchen, sich anzupassen, weil es in seiner Natur liegt, überleben zu wollen.

Der Eisbär, wie wir ihn heute kennen, der wird wahrscheinlich verschwinden. Der „neue Eisbär" wird sich anders verhalten als sein Vorgänger. Er wird über neue Techniken und Fähigkeiten verfügen.

Die Natur ist nicht statisch. Und wir Menschen? Ich denke, wir sollten es wie die Bären machen und uns auf massive Veränderungen einstellen, uns anpassen. Und zwar so schnell wie möglich.

Mir persönlich ist schon seit Jahrzehnten klar, dass unsere Lebensweise das Klima verändert und Extremwetterereignisse daher zunehmen. Überall auf der Welt, egal wo man hinkommt, ist das zu beobachten. Jammern allein hilft da aber wenig. Wenn sich die Bedingungen ändern, muss ich mich anpassen. Das ist doch logisch. Es bleibt mir schließlich keine andere Wahl, wenn ich überleben will.

Aber wie soll und kann ich mich anpassen? Wie kann ich meine Kulturen darauf vorbereiten? Wie kann ich die Pflanzen schützen, damit sie gedeihen? Auf diese Fragen gibt es keine einfachen, kurzen Antworten.

Heute leben die Menschen weder *mit* noch *in* der Natur, sondern an ihr vorbei. Jegliches Verständnis für Landschaft, Tiere, Boden und Wasser scheint abhandengekommen. Wie kann das sein? Es hat wohl damit zu tun, dass die allermeisten Menschen aufwachsen, ohne in engeren Kontakt mit der Natur zu kommen. Wenn du etwas über sie lernen willst, musst du sie fühlen, riechen, schmecken und mit ihr arbeiten.

Darum: Werde Praktiker! Probiere aus! Finde heraus was zu dir und für dich passt. Es gibt so vieles, was man ausprobieren kann. Arbeite mit verschiedenen Samen, auf unterschiedlichen Böden. Beobachte und setze deine Schritte vorsichtig. Investiere nie zu viel in eine Richtung, denn das bringt dich früher oder später in die Bredouille.

Bei mir waren es die Schwammerl. Wir hatten über Jahre eine wunderbar funktionierende Pilzzucht aufgebaut und verlässliche Abnehmer für herrliche Schwammerl. Und weil das alles so wunderbar funktioniert hat, hatte ich eine, für mich damals sagenhaft hohe Summe in diesen Geschäftszweig investiert.

Und dann ist das Kernkraftwerk in Tschernobyl in die Luft geflogen.

Von einem Tag auf den anderen hatte ich keine Kunden mehr, niemand wollte vermeintlich verstrahlte Schwammerl essen. Verflucht, war das ein herber Rückschlag. Ich war mir nicht sicher, ob ich mich je davon erholen würde.

Schlaflose Nächte haben mich vor allem eines gelehrt: Bleib immer flexibel. Du weißt nie, was morgen passiert.

Wer hat Tschernobyl vorhergesagt? Wer die Pandemie? Wer, dass Russland die Ukraine angreifen wird? Dazu kommt die Klimakrise, die neue Unsicherheiten mit sich bringt. Niemand weiß heute, wie das Wetter in den nächsten Jahren und Jahrzehnten wird, nur, dass es insgesamt wärmer wird. Daraus lässt sich ableiten, dass wir uns schleunigst so breit wie möglich aufstellen sollten, was die Landwirtschaft betrifft.

Wir müssen viel mehr Augenmerk auf den Boden und den Wasserhaushalt richten. Wir dürfen und können uns nicht mehr auf Monokulturen verlassen. Denn die kommen am allerschlechtesten mit Extremwetter zurecht. Und extremes Wetter ist das, was uns erwartet. Wir sind bekanntlich schon mittendrin im Klimawandel.

Die momentan drängendste Aufgabe: dezentrale Wasserlandschaften schaffen und wiederherstellen. Wir haben das Wasser aus der

Landschaft verbannt und das rächt sich heute. Unsere Vorfahren haben schon vor tausenden Jahren gewusst, wie man mit dem Wasser umgeht. Sonst hätten sie nicht überlebt. Scheinbar haben wir es verlernt und müssen uns jetzt die einfachsten Dinge erst wieder aneignen.

Ohne Wasser kein Leben, das muss man begreifen. Darum müssen wir immer auf den Wind, die Sonneneinstrahlung und – unverzichtbar! – das Bodenleben achten. All das hängt unmittelbar mit dem Wasserhaushalt zusammen. Und der ist vielerorts in einem schlimmen Zustand.

Wenn ich mir ansehe, wie die Menschen heute mit ihrem Grund und Boden umgehen, dann kann ich nur sagen, dass sie offenbar keine Ahnung haben, welchen Schaden sie anrichten.

Das gilt nicht nur für Land- und Forstwirte, nein, das beginnt schon im Kleingarten, wo Rasenmäher-Roboter Heuschrecken und Igel jagen und gleichzeitig – und das ist das Allerschlimmste – den Boden rasieren!

Und dann jammern die Menschen, dass ihr Rasen knochentrocken ist und der Boden so aufgeheizt und hart, dass fast gar nichts mehr wachsen mag.

„Du Trottel!“, denke ich mir dann. „Was hast du denn geglaubt, wohin das ständige Rasieren führt? Erst schneidest du das Gras komplett weg und dann wunderst du dich, dass der Boden ungeschützt ist? Geh‘ mit einer Glatze in die pralle Sonne. Ohne Hut bist du in kürzester Zeit erledigt! Fertig. Kaputt. Und mit dem Boden ist es dasselbe.“

Sepp Holzer: „Manchmal muss man die Dinge in die Hand nehmen, um zu begreifen, wie nützlich sie sind.“

© Marcus Auer

Dass man so etwas überhaupt erklären muss! Das versteht doch jedes Kind.

Und wenn dann alles vertrocknet ist und die Pflanzen ihre Blätter hängen lassen, fangen die Leute – neuerdings auch die Bauern – an zu gießen, zu bewässern. Nur nützt das dann meist nicht mehr viel. Warum? Weil der Wasserhaushalt im Boden komplett gestört ist. Und das nicht erst seit gestern.

Jahrzehntelang hat man das Wasser als Feind betrachtet. „Nur schnell weg damit!", das war das Motto und ist es in vielen Köpfen noch immer. Das Ergebnis: Alles Wasser, das vom Himmel fällt, wird ab- und weggeleitet. Anstatt dafür zu sorgen, dass es in den Boden sickern kann, hat man mit enormem Aufwand und für viel Geld die ganze Landschaft drainagiert, kanalisiert, entwässert.

Heute sehen wir, wohin das führt: Sobald größere Niederschläge kommen, kann der trockene, brettharte Boden diese nicht aufnehmen. Er verschlämmt sofort und macht zu. Und wenn das geschieht, infiltriert das Wasser nicht, sondern fließt oberirdisch ab. Dann zeigt es seine zerstörerische Kraft. Es trägt den Humus ab und nimmt ihn mit. Bergab – in den nächsten Bach – und weg ist er. Das nennt man Erosion. Und bei jedem Starkregenereignis wiederholt sich dieses Trauerspiel aufs Neue.

Mir ist unbegreiflich, warum dieses Problem, das doch überall zu beobachten ist, so hartnäckig ignoriert wird. Ich möchte jedem raten, sich bei stärkeren Regenfällen, wie sie bei mir im Südburgenland regelmäßig vorkommen, die braunen Straßen und Bäche genauer anzusehen. Man muss nicht studiert haben, um zu begreifen, was für ein immenser Wertverlust das ist!

Und mit dem Humus, der da vor unseren Augen weggeschwemmt wird, geht natürlich auch die Fruchtbarkeit verloren und die Fähigkeit des Bodens, feucht zu bleiben, also Wasser über einen längeren Zeitraum zu halten.

Dabei wäre es so einfach, diesen Wahnsinn zu verhindern! Das Wesentlichste ist, auf den Boden zu achten, denn er ist unsere Lebensgrundlage und unser wichtigster Wasserspeicher.

Ein gesunder Boden kann gewaltige Wassermengen aufnehmen – und das in kurzer Zeit.

Damit der Boden aber gesund bleibt, braucht er eine an den Standort angepasste, vielfältige Bepflanzung. Je bunter die Pflanzenvielfalt ist, umso besser, weil die verschiedenen Pflanzenarten auch unterschiedlich tief wurzeln.

Anders als in einer Monokultur muss es eine abwechslungsreiche Durchwurzelung sein, eine, die möglichst alle Bodenschichten erschließt, auch tiefere. Um das zu erreichen, brauche ich Bäume, Sträucher, Kräuter und Gräser im Zusammenspiel. Sie beschatten und schützen den

Region	Bodennutzung	Wirtschaftsweise	Bodenabtrag/Hektar & Jahr
Österreich	Ackerflächen	konventionell	6,9 Tonnen
	Ackerflächen	biologisch	3,7 Tonnen
Alpenostrand (Niederösterreich & Burgenland)	Ackerflächen	konv. & bio	ca. 7 Tonnen
Voralpen	Ackerflächen	konv. & bio	9 bis 13 Tonnen
	Grünland	konv. & bio	durchschnittlich 2,6 Tonnen

Bodenverlust durch Erosion in Österreich

Quelle: Bodenerosion in Österreich – Eine nationale Berechnung mit regionalen Daten und lokaler Aussagekraft für ÖPUL; AGES, 2020

Boden vor Erosion, vor der Sonne und vor dem Wind, der ihm die Feuchtigkeit entzieht.

Wenn ich weiß, wie Natur funktioniert, werde ich niemals Monokulturen pflanzen oder säen. Ob im Wald oder auf dem Acker: Monokulturen sind ein Armutszeugnis.

Will man davon wegkommen und ohne Dünger und Giftspritze arbeiten, muss man umstellen. Diese Umstellung ist ein längerer Prozess und muss von unten beginnen: Zuerst muss der Boden gesunden. Das heißt, dass ich die Bewirtschaftung so ausrichten muss, dass sich das Bodenleben entwickeln und vermehren kann. Dafür brauche ich eine Vielfalt an Pflanzen, die in der Symbiose mit dem Bodenleben, mit Pilzen und Bakterien den Boden aufbauen, ihn durchwurzeln und versorgen.

Aus Erfahrung weiß ich, dass die Bewirtschaftung immer *„von der Wurzel weg"* gedacht werden muss, also von der Arbeit mit dem Boden. Die moderne Land- und Forstwirtschaft schaut aber so gut wie nie in den Boden. Die schaut immer nur von oben drauf und fragt sich dabei:

„Wie kann man mit der Fläche am meisten Geld verdienen?" Und das funktioniert nicht.

Mit diesem Denken richte ich nur Schaden an.

WASSER GEGEN DIE KLIMAKRISE VON SEPP HOLZER

Woher kommt die Klimakrise? Warum ändert sich das Klima? Was kann ich machen? Diese Fragen tauchen immer wieder auf und verbreiten ein Gefühl von Machtlosigkeit und erzeugen Stress. Zuerst einmal: Keine Panik. Hirn und Verstand einschalten und nachdenken.

Dann erkennt man: Die Natur will nichts kaputt machen, sie will sich erhalten. Sie ist perfekt. Und das schon seit Jahrmillionen. Der Mensch dagegen ist der größte Schädling, den dieser Planet je gesehen hat, gibt das aber nicht zu. Er schiebt die Verantwortung für die Verwüstungen von sich und sagt: „Das Klima ist an allem schuld!"

Das ist natürlich ein Blödsinn. Um effektiv reagieren zu können, müssen wir die Ursachen für die Umweltveränderungen erst einmal verstehen. Nicht das Klima macht den Boden oder Wald kaputt, sondern der Mensch. Aber: Mit Krisen lässt sich Geld verdienen und mit Katastrophen noch viel mehr.

Großgrundbesitz und Industrie sorgen dafür, dass sich nichts ändert und bekommen den riesigen Schaden, den sie der Natur zufügen, auch noch ersetzt!

Die Bauern, die ursprünglich das Land bewirtschaftet haben, werden ihrer Rechte beraubt und eine weltfremde Verwaltung verordnet Maßnahmen, die genauso widersinnig wie kurzsichtig sind. Am Ruder sind Theoretiker, die keine Ahnung von der Natur und auch keine praktische Erfahrung in der Bewirtschaftung haben. Und so kommt es, dass Maßnahmen erlaubt sind, die unbedingt verboten sein sollten und solche verboten sind, die erlaubt sein müssen.

Ich möchte vorsichtshalber nicht auf einzelne Beamte oder Institutionen losgehen, aber ganz allgemein ist zu sagen, dass unser Verwaltungsapparat viel zu groß, viel zu behäbig und zu arrogant ist, um die Probleme, die vor uns stehen, bewältigen zu können.

Es ist schrecklich, was einem einfachen Bürger zugemutet wird, wenn er etwas Vernünftiges auf seinem Grund umsetzen will. Egal wo, immer werden dir Steine in den Weg gelegt.

„Das kann man nicht machen. Und das auch nicht. Und das schon gar nicht!"

Ich finde, das ist unzumutbar. So vieles, das verhindert wird, obwohl es absolut sinnvoll wäre.

Am Beispiel Wasser wird das besonders deutlich: Meiner Meinung nach, sollten alle Grundbesitzer möglichst viel Niederschlag auf ihren Flächen halten und zwischenspeichern. Denn das Wasser muss in den Boden. Dort kann es für uns arbeiten, dort wird es gebraucht und dort richtet es auch keinen Schaden an.

Gleichzeitig sind selbst für einfache Maßnahmen – Teiche, Retentionsbecken und dergleichen – so viele Behördengänge und Anträge nötig, dass kaum jemand sich die Mühe macht, solche Retentionsräume am eigenen Grund zu schaffen. Als Folge geschieht zu wenig, – viel zu wenig! – um Wasser in die Landschaft zu bringen und dort auch zu halten.

Dabei müsste es doch genau umgekehrt sein: Der Staat sollte Wasserretention nicht verhindern, sondern einfordern!

Mein Vorschlag: Ab einer bestimmten Größe sollte jeder Grundbesitzer gesetzlich verpflichtet werden, einen bestimmten Anteil seiner Fläche der Wasserretention zur Verfügung zu stellen. Wo genau, ergibt sich schon aus dem Höhenlinienplan. Von diesem lässt sich recht einfach ableiten, welche Bereiche für die Wasserretention geeignet sind und welche Maßnahmen dort Sinn machen.

Retentionsbecken schützen im Übrigen auch die darunter gelegene Infrastruktur, die Täler, Straßen und Stromleitungen. Sie sind eine Versicherung, denn Wasser, das versickern kann, trägt nicht zum Hochwasser bei. Umgekehrt gilt: Wenn das Wasser überall ungebremst ins Tal fließen kann, entsteht Hochwasser.

Außerdem führen Retentionsräume dazu, dass ringsum die Erdfeuchte passt, dass die Vegetation gut versorgt ist, dass ein günstiges Mikroklima für Tiere und Pflanzen entsteht.

Kurz: Wo Wasser ist, ist Leben. Und das müssen wir fördern. Das versteht wohl jeder. Und wenn die Bauern und Grundbesitzer noch so große Dickschädel sind: Sie müssen gesetzlich verpflichtet werden, mitzuhelfen, den Wasserhaushalt wieder in Ordnung zu bringen. Und wenn sie das – aus welchen Gründen auch immer – nicht können oder wollen, müssen sie für Ersatzmaßnahmen anderswo aufkommen.

Ich bin überzeugt davon, dass wir nur so Brände, Hochwasser und die Folgen des Klimawandels bekämpfen können. Der Schlüssel ist das Wasser. Nur mit seiner Hilfe können wir den Kollaps des Systems verhindern.

FÖRDERUNGEN UND FORDERUNGEN VON SEPP HOLZER

Wer heute eine kleinstrukturierte Landwirtschaft aufbauen will, steht vor zahlreichen Problemen. Man steht *der Wirtschaft* im Weg. Die sagt: „Klein? Brauchen wir nicht!" *Wachsen oder weichen* ist seit Jahrzehnten die Devise der Landwirtschaftspolitik.

Für die *Wegwerfgesellschaft* soll viel vom Gleichen produziert werden. Möglichst billig. Was von der Norm abweicht, wird einfach weggeschmissen oder gar nicht erst geerntet. Und dieser Wahnsinn wird sogar noch gefördert! Erst letztes Jahr habe ich den ehemaligen EU-

Agrarkommissar Franz Fischler bei einer Tagung zum Thema Humus (Anm.: *Humus Tage 2022* in Kaindorf, Steiermark) gefragt, wie es sein kann, dass in der EU ausgerechnet die Kleinbauern verdrängt werden? Ich habe das nicht nur bei uns erlebt: in Portugal, Spanien, Griechenland, Rumänien – überall ist es gleich.

Seine Antwort: „Wer das Geld hat, hat die Macht. Und die hat dafür gesorgt, dass bei der Einführung der Gemeinsamen Agrarpolitik in der EU (GAP) – das war im Jahre 1962 – Großgrundbesitzer auf Kosten der Kleinbauern bevorzugt worden sind."

Das Einzige, das nach dem Krieg zählte, war Quantität, also die Steigerung der Produktivität der Landwirtschaft. Und darum hatte man die begünstigt, die viel erzeugt haben: Großgrundbesitzer und Industrielle. Damit sie noch mehr produzieren, hat man sie stark gefördert.

Heute, mehr als 60 Jahre später, sehen wir, wohin uns dieser Weg gebracht hat: Mehr Dünger, mehr Spritzmittel, mehr Abfall, mehr Umweltzerstörung. Aber auch: viel weniger Bauern.

Kleine Betriebe sind in einem endlosen Preiskampf aufgerieben worden. Und zusätzlich hat man sie mit einer überbordenden, praxisfernen Bürokratie überfordert. Also haben sie scharenweise aufgegeben. Große Betriebe haben nach und nach die kleinen geschluckt. So sind sie noch größer und noch mächtiger geworden und haben noch mehr Förderungen bekommen.

Auch die Menschen, die erkannt haben, dass das ein Irrweg ist, sind mehr geworden. Allerdings: Der Kollaps dieses Systems, der steht uns erst bevor.

Es wird zusammenbrechen, da bin ich mir sicher. So, wie die Menschen jetzt schon zusammenbrechen: Denn dieses ausbeuterische System, das am Ende einzig der Industrie nützt, macht krank. Viele, die in der Land- und Forstwirtschaft arbeiten, haben gesundheitliche Probleme. Mehr und mehr sind voller negativer Energie, komplett *ausgebrannt*, werden aggressiv oder depressiv.

Ich denke, man muss sich entscheiden: „Mach' ich da noch mit? Will ich das Opfer sein?"

Ich kann den Betroffenen nur raten, rauszugehen und die Schule der Natur zu besuchen. Dort lernst du, wie die Zeit für anstatt – wie heute üblich – gegen dich arbeitet.

Dann wirst du kein Opfer mehr sein, sondern zufrieden. Dann kommst du wieder zu Sinnen und kaufst auch keine Spritzmittel und keinen Kunstdünger mehr. Dann wirst du auch keinen Boden mehr zerstören, so wie das heute großflächig gemacht wird, sondern Boden *aufbauen*.

Wer den Boden kaputt macht oder nicht verhindert, dass er erodiert, der soll meiner Meinung nach kein Bauer sein. Und auf gar keinen Fall, darf er Förderung dafür bekommen!

Im Gegenteil: Das muss bestraft werden. Warum das nicht geschieht, ist klar: Die Interessen des Großgrundbesitzes und der großen Konzerne verhindern, dass sich das ändert. Darum brauchen wir eine verantwortungsvolle Politik, die sich gegen dieses System, gegen *die Großen* stellen. Und Politiker, die nicht nur kurzfristig, sondern an die Zukunft und an die Natur denken. Nur: Wo gibt es die heute?

Alles, was nicht im Einklang mit der Natur ist, muss verboten oder zumindest stark eingeschränkt werden. Wir dürfen nicht zulassen, dass öffentliche Gelder, EU-Gelder, verwendet werden, um damit nachhaltigen Schaden anzurichten! Aber genau das geschieht derzeit.

In Europa sind Trockenheit, Waldbrände und Überschwemmungen *hausgemachte* Probleme.

Menschgemachte Katastrophe *© Antonio Jordán (distributed via imaggeo.egu.eu)*

Nicht die Natur, nur der Mensch ist dafür verantwortlich. Dabei wäre das zu verhindern: Es braucht eine übergeordnete Stelle, die vorausschauend kontrolliert und darauf achtet, dass früh genug eingegriffen wird – also bevor der Schaden entsteht.

Mit den technischen Möglichkeiten, die wir heute haben – mit Satelliten, Luftbildaufnahmen und Höhenmodellen – können fähige, gut ausgebildete Menschen Gefahren rechtzeitig erkennen und entsprechende Richtlinien festsetzen.

Derzeit ist es aber genau andersrum: Anstatt in die Vorbeugung zu investieren – beispielsweise in Humusaufbau oder Wasserretention – wird das Geld erst dann ausgegeben, wenn der Schaden schon angerichtet ist. Dann – und das ist grundfalsch! – bekommen die Verursacher Entschädigungszahlungen und es werden Experten gerufen. Die stellen dann den Schaden fest, schreiben ihre Gutachten und hinterher wird fleißig betoniert.

Es ist immer das gleiche – nicht nur in der EU, das ist ein weltweites Problem. Ich kenne das aus eigener Erfahrung. Oft wurde ich zu Beratungen gerufen, wenn der Schaden schon angerichtet war.

Wir müssen unbedingt lernen, vorausschauend zu planen und zu arbeiten. Gerade jetzt ist das entscheidend. Den Klimawandel kann niemand mehr leugnen, genauso wenig wie das enorme Gefahrenpotenzial, das er mit sich bringt – ganz besonders für den Alpenraum.

Sogar auf den Gipfeln ist es heute warm. Die Gletscher schmelzen. Eis, das den Felsen zusammenhält, taut auf, es kommt zu Muren, Hangrutschungen und Überschwemmungen. All das wird uns noch intensiv beschäftigen und sehr viel Geld kosten. Das kann jeder sehen, der es sehen will und wir können nicht so tun, als ginge uns das nichts an.

Darum brauchen wir dringend Gesetze, die die Umweltzerstörung beenden und Behörden, die nicht zuwarten, bis diese riesigen Katastrophen eintreten. Noch ist es aber so, dass die Verwüstung der Landschaft sogar gefördert wird.

Das muss sofort aufhören! Die Situation ist dramatisch und wir können es uns nicht leisten, nicht zu reagieren.

Die Alpen und der Klimawandel
Nirgendwo in Europa steigt die Temperatur schneller als in den Alpen. Die Forschung kann nachzeichnen, dass das Hochgebirge seit der Jahrtausendwende wesentlich instabiler geworden ist. Im Hochalpinen Bereich ist das Auftauen von Permafrost ein ernstzunehmendes Problem: die Wärme geht viel weiter in den Felsen hinein, was Auswirkungen auf die Größe des ausbrechenden Gesteins hat.
Die Folge sind vermehrte und größere Felsstürze.
Starke Temperaturschwankungen und Starkregenereignisse nehmen ebenso zu und zu viel Wasser in kurzer Zeit sorgt vermehrt für Murenabgänge, Überschwemmungen und Hanginstabilität.
Experten sagen, es sei zu erwarten, dass die Zentralalpen noch Jahrzehnte instabil und in Bewegung bleiben.

KEINE ANGST VOR DER SCHLANGE VON SEPP HOLZER

Hab' keine Angst. Denn Angst ist der schlechteste Begleiter im Leben.

Ich zum Beispiel hatte lange Zeit ungeheure Angst vor Schlangen. Dabei war mir schon als Kind klar: Angst vor der Natur? Das ist ein völliger Blödsinn. Man muss sich ihr gegenüber nur entsprechend verhalten, dann geschieht einem auch nichts.

Woher also kommt diese irrationale Angst? Sie wird uns anerzogen und vorgelebt. Als ich ein Bub war, war ich umgeben von Menschen, die allesamt panische Angst vor allem hatten, was einer Schlange auch nur ähnlich sah. Ob Blindschleiche oder Ringelnatter – ganz gleich.

Wer beim Mähen mit der Sense, beim Heumachen, einer Schlange begegnete, hat sie sofort erschlagen. Und die Burschen machten sich einen Spaß daraus, den Mädchen tote Schlangen ins Bett zu legen oder solche von der Decke baumeln zu lassen. Die sind dann *fast gestorben vor lauter Schreck*!

Schlangen galten als bösartig und gefährlich. Sie mussten erschlagen werden. Dass das dumm ist, war mir zwar schon als kleiner Bub bewusst, aber Angst hatte ich trotzdem vor diesen seltsamen Tieren.

Viele Jahre später war ich in Afrika unterwegs. In Namibia sah ich im Garten meines Gastgebers plötzlich eine Mamba! Was habe ich mich erschrocken!

„Um Himmels willen! Die ist ja hochgiftig!"
„Sepp, das ist nur eine Schlange. Dir tut die nichts. Die frisst Ratten, nicht dich."

Später haben wir dann gemeinsam gegessen. Am Teller lagen rundliche Schnitzel. Geschmacklich wirklich tadellos.

„Na? Weißt du, was das für ein Fleisch ist?"
„Nein, weiß ich nicht, aber es schmeckt sehr gut. Was ist es denn?"
„Schlange."

Keinen Bissen habe ich mehr runtergebracht.

So funktioniert der Mensch. Hat man sich eine Aversion oder Angst einmal antrainiert, sitzt sie sehr tief. Dass sie falsch ist, war mir längst klar und auch, dass meine eigenen Kinder ohne diese Angst aufwachsen sollten. „Da musst du was machen", habe ich zu mir selbst gesagt.

Die Schlangen sind mir nicht aus dem Kopf gegangen. Bis in die Träume hinein haben sie mich verfolgt.

Immer, wenn ich für ein Problem keine Lösung finde, kommt mir eine Idee im Schlaf – und so war es auch diesmal. Die Lösung für mein Problem hieß Fritz. Doktor Rosian war Tierarzt in Murau und des Öfteren bei mir am Hof. Denn damals hatte ich noch mein Wildgehege und auch sonst noch alle möglichen Tiere. Für die benötigte ich jährlich ein Gutachten bezüglich Tierschutz, Veterinärmedizin und so weiter.

Einmal aber war ich bei ihm zu Gast – er hatte Dammhirsche für sein eigenes Gehege bei mir bestellt – und da zeigte er mir seine Haustiere.

„Ja bist du *narrisch*! Sind das etwa Pythons? Mein Gott sind die riesig!"

„Ja," sagte der Tierarzt, „da muss man schon aufpassen." Einmal hätte ihn eine der beiden ausgewachsenen Pythons beinahe erwürgt. „Da habe ich die Frau um Hilfe rufen müssen. Ist sich gerade noch ausgegangen. Hier ist das Männchen, dort das Weibchen. Hoffentlich gibt es bald Nachwuchs, dann kannst du auch welche haben."

Nicht lange und ich bekomme einen Anruf von Dr. Rosian: „Kannst schon kommen. Der Schlangennachwuchs ist da." Also habe ich in meinem Gewächshaus ein Zuhause für die Schlangen eingerichtet und meiner Familie erzählt, dass ich jetzt nach Murau fahre und mit Pythons wiederkomme.

„Das ist ja super!", freute sich meine Tochter Claudia. „Ich komme mit!"

Beim Tierarzt angekommen, zeigte der uns eine verschlossene Kiste. „Da sind sie drin. Die Eltern sind gerade am Baum. Eine gute Gelegenheit. Sepp, greif rein und such' dir welche aus."

„Ich bin sicher, die Claudia will aussuchen. Claudia, mach die Kiste auf. Du darfst dir zwei aussuchen." „Nein, nein, lieber nicht, Papa. Zuerst du."

Da stehe ich nun. Ausgerechnet ich soll in eine Kiste voller Schlangen greifen?! Noch nie hatte ich so ein Tier in der Hand. Aber da steht der Tierarzt. Dort die Tochter. Beide sehen mich an und ich fühle, wie die Scham in mir hochkommt. Ich denke: „Der Arzt glaubt jetzt sicher, ich bin ein Scheißer." Also gut. Ich nehme den Deckel von der Kiste. Mein Gott! All meine Haare standen zu Berge. Unter mir: ein wuselndes Schlangennest. In der einen Hand halte ich einen Jutesack und mit der anderen greife ich ganz vorsichtig in das Nest. Und siehe da: Die Viecher sind ganz einfach zu greifen. Ich erinnere mich noch daran, dass ich überrascht war, wie warm sie waren. Diese Tiere waren weder glitschig, schleimig noch rutschig, so wie ich sie mir vorgestellt hatte.

Die erste Schlange war also endlich im Sack und als ich die zweite rausnehmen wollte, sagte meine Tochter: „Nein, Papa, die zweite will ich selbst rausnehmen!"

Zurück am Krameterhof haben die beiden Pythons ihr neues Zuhause im Gewächshaus bezogen. Als Futter bekamen sie Mäuse und Küken, die sie ratzeputz verspeist haben.

Gewachsen sind sie wie der Teufel und besonders Claudia hatte große Freude mit den Schlangen. Sie hat sie sogar – versteckt unter ihrem Pullover und zur Gaudi ihrer Freunde – ins Gymnasium mitgenommen.

Eines Tages sitzt sie am Küchentisch und macht ihre Hausaufgaben. Die Oma setzt sich zu ihr und beginnt zu stricken. Da sieht sie, wie sich unter Claudias Kragen etwas bewegt. Eine Schlange kriecht hervor. Ein gellender Schrei und die Oma stürzte panisch vor Angst aus dem Zimmer!

„Aber Oma, die tut dir ja nichts!“

Wer mit Angst aufwächst, wird mitunter sein ganzes Leben darunter leiden. Ich denke, es ist sehr wichtig, dass Kinder lernen, dass sie keine Angst vor der Natur zu haben brauchen. Darum ist es notwendig, dass sie Möglichkeiten haben, Natur mit allen Sinnen wahrzunehmen.

In der Natur legt man Ängste ab, kann jeden Tag Neues entdecken und dabei Freude empfinden. Wenn du dich dann am Abend hinlegst, denkst du an die Hummeln und Bienen im Garten, an den Rebstock, der vor Kurzem noch so kümmerlich war und endlich wieder fit aussieht, an deine Fische, die im Teich immer größer werden... Und dann wirst du gut einschlafen.

Ganz ohne Angst.

Sepp Holzer: „Wer eine Beziehung, eine Verbindung zur Natur aufbauen kann, hat weniger Ängste und Sorgen.“
© Marcus Auer

PSYCHOTOPE VON SEPP HOLZER

Die Welt steht am Abgrund.

Das könnte man zumindest glauben, wenn man sich heute die Fernsehnachrichten ansieht oder die Zeitung aufschlägt. Da lese ich von jungen Menschen, die schon gar nicht mehr daran glauben, dass sie oder ihre Kinder überhaupt eine Zukunft haben. Viele sind verzweifelt und machen überhaupt nichts mehr. Dabei ist diese negative Energie grundfalsch.

Was ich dieser jungen Generation sagen möchte: Keine Angst! Angst ist das Schlimmste, Angst macht dich kaputt.

Es gibt immer Möglichkeiten – und die Natur zeigt sie dir auch auf. Wichtig ist, dass man sich Ziele setzt und diese dann konsequent verfolgt. Nicht gleich aufgeben, weil es Misserfolge gibt oder Probleme auftauchen. Dranbleiben. Weitermachen. Lernen.

Egal ob im Garten, im Wald, in der Tierhaltung – arbeite mit und in der Natur und du wirst sehen, wie viel positive Energie du zurückbekommst.

Mach dir einen Plan und überlege dir, wie du ihn umsetzen kannst. Formuliere deine Ziele, und zwar so, dass sie auch andere verstehen. Das ist gar nicht so schwer und hilft dir dabei, Unterstützer zu finden. Konzentriere dich dabei auf das Wesentliche und achte darauf, dass du nicht zu viele Worte verwendest.

Wenige Worte. Klare Aussagen. Verständliche Erklärungen. Bloß nicht kompliziert daherreden, sonst kann dir niemand folgen.

Beginn dann im Kleinen und baue dein System auf den gewonnenen Erfahrungen auf. Dabei ist es wichtig, dass du deine Ideen auf verschiedenen Standorten und unter unterschiedlichen Bedingungen testest.

Beispielsweise könnte man fragen: Wie verhält sich diese Pflanzenart im Schatten? Wie im Halbschatten? Wie in der Sonne? Was geschieht, wenn ich diese oder jene Pflegemaßnahme setze oder auch weglasse? Teste es aus, denn auf diese Weise lernt man Ursachen zu ergründen, anstatt bloß Symptome zu behandeln.

Der direkte Vergleich hilft dir, den wichtigen Dingen auf die Spur zu kommen: Was funktioniert? Was nicht? Wie wirken sich Standort, Bodenbearbeitung, Licht und Bodenfeuchte auf meine Kulturen aus?

Man sollte vieles ausprobieren und nie damit aufhören. Einerseits, um praktische Erfahrungen zu sammeln und andererseits, um neue Ideen zu entwickeln.

Versuche sind wichtige Multiplikatoren. Wenn ich nämlich weiß, wie's im Kleinen geht, kann ich das auch in größerem Maßstab umsetzen. Dabei muss ich herausfinden, ob sich der Aufwand bezahlt macht. Was sich nicht rechnet, lass' ich sofort wieder sein – ganz egal was – denn das hat keinen Sinn und macht dich zum Opfer. Wenn ich aber Erfolg und eine Freude damit habe, kann ich anderen zeigen, worauf es ankommt und wie's geht. Dann wird meine Begeisterung ansteckend sein.

Die Zeiten ändern sich rasch. Man kann nie wissen, wie sich die Welt entwickelt und welches Wissen wir in Zukunft brauchen werden. Wir sind es der Natur schuldig, zu teilen, was wir über sie erfahren. Dieses Wissen dürfen wir aber nicht patentieren. Solche Patente sind in meinen Augen Diebstahl an der Natur!

Mein Rat: Gib deine Erfahrungen weiter. Behalte sie nicht für dich. Erstens bereitet es Freude, anderen zu zeigen, wie auch sie erfolgreich sein können – das gibt dir unheimlich viel positive

Energie! – und zweitens bekommst du von denen, die du unterstützt, wertvolle Rückmeldungen. Die erzählen dir dann, was bei ihnen nicht funktioniert hat, was besonders gut funktioniert hat und warum. Durch diesen Austausch über Erfolge und Misserfolge erspart man sich selbst vielleicht den einen oder anderen groben Fehler oder man kommt wieder auf neue Ideen. Darum: Nie mit Wissen geizen! Allen, die es interessiert, was du zu sagen hast, sollten von deinen Erfahrungen lernen und profitieren dürfen.

Ganz besonders wichtig sind in diesem Zusammenhang die Kinder: Wenn sie eine Verbindung, eine Beziehung zur Natur aufbauen können, haben sie weniger Ängste und Sorgen. Kinder lernen unglaublich schnell, sind begeisterungsfähig und packen sofort mit an, wenn man sie nur richtig anleitet. Wenn sie dann sehen, wie sich alles entwickelt, wächst auch ihr Interesse. Wer sieht, wie alles wächst und gedeiht, beobachtet, dass Bäume in die Höhe wachsen – Bäume, die man noch dazu selbst gepflanzt hat! – der zweifelt nicht an der Zukunft. Da bin ich mir zu 100 Prozent sicher, denn das habe ich oft genug erlebt. Die Kinder freuen sich – „*Ich* habe diesen Baum gezogen! Das ist *mein* Baum!" – und diese Freude am Erfolg hilft ihnen, Ängste abzubauen und Möglichkeiten zu erkennen: „Mein Gott! Was hier alles wächst! Was man da noch alles machen könnte!"

Ich nenne solche Orte *Psychotope*. Das sind Orte, die gut für unser Herz und unsere Seele sind. Sorgen und Ärger sind dort vergessen. Man erfüllt mit gutem Gewissen seinen Auftrag, fühlt die Sinnhaftigkeit der Arbeit und die Verbundenheit mit den Mitlebewesen. Darum ist die Arbeit mit und in der Natur auch die schönste, die ich mir vorstellen kann.

Für mich gibt es nichts Besseres.

Sepp und Veronika Holzer bei der Ernte

© Marcus Auer

SELBSTGEMACHTE, SYSTEMISCHE PROBLEME VON JOSEF A. HOLZER

Es steht außer Frage, dass es einen menschgemachten Klimawandel gibt, der zu einer globalen Erwärmung führt. Die allermeisten Probleme, die wir heute in der Land- und Forstwirtschaft sehen, gehen allerdings nicht ursächlich vom Klimawandel, sondern vom Menschen aus.

Die Wissenschaft sagt uns, dass wir erst am Beginn einer Temperaturkurve stehen, die noch weiter steigen wird. Wenn aber schon das *bisschen mehr* an Temperatur dazu führt, dass alles zusammenbricht, dann beweist das nur, wie schlecht unsere Systeme sind.

Es ist, als wirke die Klimakrise wie eine Lupe: Sie lässt uns klar und deutlich erkennen, wie instabil diese Produktionssysteme sind: kleinste Störungen und sie kollabieren.

Die gute Nachricht: Wir können es viel besser machen als bisher – und das ist auch gar nicht so schwer. Richten wir so schnell wie möglich den Fokus neu aus. Kommen wir weg von der Ertragsmaximierung und beschäftigen wir uns (wieder) mit der Natur und ihren Prinzipien. Dann erkennt man, dass man Bodenschutz und Humusaufbau betreiben muss, wenn man nachhaltig Erfolg haben will. Dass landwirtschaftlich genutzte Flächen, Windschutz, Fruchtfolgen und Gründüngungen brauchen. Dass die Kulturlandschaft Struktur und Biodiversität braucht, echte Wälder anstatt Plantagen, bunte Wiesen statt monotones Grün.

Wir brauchen eine in die Tiefe gehende, intensive Auseinandersetzung mit den natürlichen Gegebenheiten und eine gute landwirtschaftliche Praxis, die mit standortangepassten Kulturen arbeitet. Dann brauchen wir uns auch keine großen Sorgen zu machen, was den negativen Einfluss des Klimawandels auf unsere Landwirtschaft betrifft.

Selbstverständlich müssen wir auf den Klimawandel reagieren und ihn möglichst bremsen – das steht außer Frage – aber wir sollten nicht in Panik verfallen. Denn die Probleme, die wir heute haben, sind zu einem ganz wesentlichen Teil systemische Probleme der Land- und Forstwirtschaft und vielfach (noch) nicht ursächlich auf die Klimakrise zurückzuführen.

Wir sollten die Klimakrise nicht länger als Ausrede verwenden, um nichts ändern zu müssen, sondern vielmehr zum Anlass nehmen, einen substanziellen Wandel anzugehen und einzufordern.

Die Gesellschaft muss sich fragen, ob es klug und vertretbar ist, einer von kurzsichtigen Eigeninteressen geleiteten und unter Marktzwängen stehenden Minderheit die Obsorge über die wichtigsten Ressourcen – Wasser, Boden, Nahrung – zu überlassen.

Ich denke, wir alle sollten viel genauer hinsehen. Was geschieht mit unseren Böden? Unserem Wald? Wo sind all die Insekten und Vögel geblieben? Wo die bunten Wiesen? Wie sehen die Zusammenhänge aus?

Die Agrarrebellion braucht vor allem eines: informierte Bürgerinnen und Bürger.

Und dich!

Josef A. Holzer: „Schluss mit den Ausreden! Wir können Systeme schaffen, die hochproduktiv, divers und widerstandsfähig sind." © Marcus Auer

Am Krameterhof kann man sehen, was alles möglich ist, wenn man sich die Komplexität, Vielfalt und Produktivität der Natur zunutze macht.